AF802627

PACK!

Copyright © 2008 INSTITUTO MONSA DE EDICIONES

Editor
Josep Maria Minguet

Author / Autor
Design and layout / Diseño y maquetación
Fabiola Reyes Francos
Equipo editorial Monsa

Art director / Director de Arte
Louis Bou

Translation / Traducción
Babyl traducciones

INSTITUTO MONSA DE EDICIONES
Gravina 43 (08930)
Sant Adrià de Besòs
Barcelona
Tel. +34 93 381 00 50
Fax +34 93 381 00 93
monsa@monsa.com
www.monsa.com

ISBN 10: 84-96429-36-9
ISBN 13: 978-84-96429-36-9

FUNK Typography Designed by Ipsum Planet. ©2003 www.ipsumplanet.com
La tipografía FUNK ha sido diseñada por Ipsum Planet. ©2003 www.ipsumplanet.com

All rights reserved. No part of this book may be used or reproduced in any manner whatsoever without written permission except in the case of brief quotations embodied in critical articles and reviews. Whole or partial reproduction of this book without editors authorization infringes reserved rights; any utilization must be previously requested.

Queda prohibida, salvo excepción prevista en la ley, cualquier forma de reproducción, distribución, comunicación pública y transformación de esta obra sin contar con la autorización de los titulares de propiedad intelectual. La infracción de los derechos mencionados puede ser constitutiva de delito contra la propiedad intelectual (Art. 270 y siguientes del Código Penal). El Centro Español de Derechos Reprográficos (CEDRO) vela por el respeto de los citados derechos.

PACK!

BOTTLES_LABELS_BOXES_TEXTURES_BAGS_SHAPES_PAPERS_COLOURS_RANGE

Fabiola Reyes

monsa

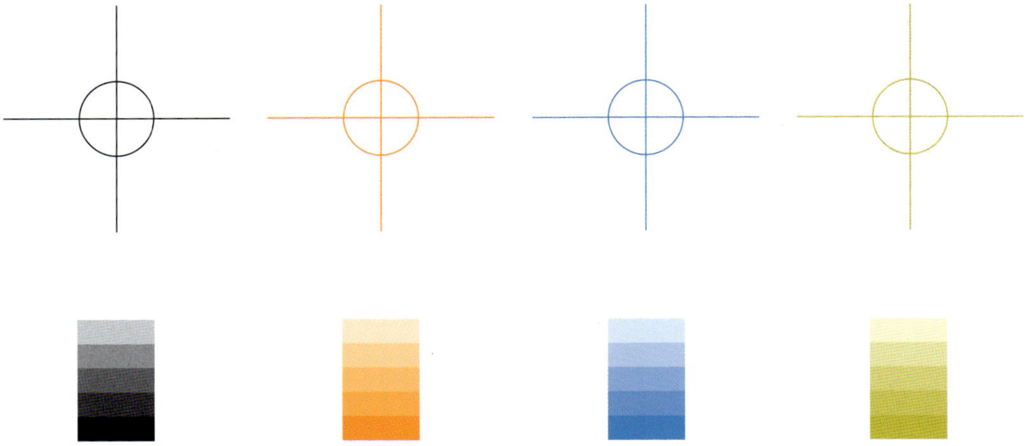

01
02
03

intro

Going back to the early days of packaging, we see it was mainly used to protect, transport and preserve the product. This should fulfil the aforementioned roles and should therefore be relatively durable over time. The existing materials don't give much choice, way beyond the original raw materials and later the cardboard and glass... Just as society evolved so did the "concept of packaging" and, aside from the practical and informative roles of packaging, there came a time when research began into new materials, shapes, typography and colours. Nowadays the packaging of a product is equally as important as the product inside. Packaging has now become an essential part of any company's marketing strategies and, more importantly, the only thing responsible for "dressing" the product and ensuring it appears more attractive and stands out from all its competitor's products... Aside from the basic role of packaging (durability, protection...), the three-dimensional aspect is also one of the most important features to consider. Designers take great care to address each "face" of a package individually and what they have on them. Great care has to be taken with the choice of information and the images which appear in the front of the package for instance since this side is the one which will normally differentiate or make this product stand out from the competition. Likewise a great deal of research goes into how the rest of the features are to be appear, such as the written information, barcode etc... taking into account the making and legibility of the final packaging. According to many studies, faced with two similar products, the consumer usually chooses to buy the most attractive, original or eye-catching, something actually down to the packaging. As applies to other areas of design the individual's subjectivity also has to be taken into account because when we speak of "design", in this case "packaging design", it's very difficult to label a pack as good or bad, attractive or unattractive, etc... Everyone has different views of a specific design, but despite this subjectivity, what is clear is that the packaging world has become one area of design which has experimented and progressed more than any. New shapes, almost impossible die-cuts, special ink finishes... In this field, designers work to strike a balance between the customer's wishes, the needs of the product and the freedom in being able to express their own creativity and mark of identity. PACK! presents a variety of packaging designs from different parts of the world and from different market sectors. The book is divided into three chapters: Bottles, Boxes, Bags & Paper – for packaging and also empty – and, finally Range (the complete range of products) In the book we can find everything from bottles for "luxury waters" to candy boxes "for adults", and including original packs for fragrances or complete ranges of food products. The eye-catching colours, the original labels, the incredible shapes, the unusual typographies and the variety of materials... are all contributory factors in the look of our PACK!

Si nos remontamos a los orígenes del packaging, observaremos que su principal función era la de proteger, transportar y mantener el producto. Éste debía cumplir dichas funciones y, por lo tanto, debía ser más o menos perdurable en el tiempo. Los materiales existentes no daban mucha opción, más allá de las materias primas y más tarde, del cartón o el vidrio... A medida que la sociedad evolucionó, también lo hizo el "concepto de packaging" y fue entonces donde además de la función práctica e informativa que tenían todos los envases, se empezaron a experimentar y probar nuevos materiales, formas, tipografías y colores. Actualmente el packaging de un producto es tanto o más importante que el producto en sí. Se ha convertido en una parte esencial de la estrategia de marketing de cualquier empresa y es el encargado de hacer más atractivo al producto que esta "vistiendo", para diferenciarlo del resto de productos de la competencia... Además de las funciones básicas de un packaging (durabilidad, protección...), la tridimensionalidad de éste es uno de los aspectos más importantes a tener en cuenta. Los diseñadores trabajan cuidadosamente todas las "caras" de un envase y los elementos que se disponen en ellas. Hay que trabajar muy bien la información e imégenes que aparecerán en la cara del pack (frontal),ya que normalmente será ésta la que diferenciará o destacará al producto de la competencia. De la misma manera, también se estudia a fondo la forma en la que aparecerán el resto de elementos como el texto informativo, el código de barras, etc... teniendo en cuenta la construcción y legibilidad del packaging final. Según muchos estudios, ante dos productos de similares características, el consumidor decide su compra según lo atractivo, original o llamativo que le resulte el envase. Como en otras disciplinas del diseño, hay que tener en cuenta la subjetividad del individuo, porque cuando hablamos de "diseño", en este caso de "diseño de packaging", es muy difícil etiquetar un pack como bueno o malo, atractivo o no atractivo, etc... Cada persona tiene distintas sensibilidades ante un diseño concreto; pero a pesar de lo subjetivo, lo que si está claro es que el mundo del packaging se ha convertido en una de las ramas del diseño en la que se ha evolucionado y experimentado más. Formas nuevas, troqueles casi imposibles, acabados con tintas especiales... En este campo, los diseñadores trabajan buscando un equilibrio entre lo que le pide su cliente, la necesidad que tiene el producto, y la libertad a la hora de expresar su creatividad y seña de identidad. PACK! muestra una variada selección de diseños de packaging procedentes de distintas partes del mundo y pertenecientes a diferentes sectores del mercado. El libro se divide en tres capítulos: Bottles (botellas), Boxes, Bags & Papers (cajas, bolsas y papeles -para envolver o al vacío- y, finalmente Range (gama completa de productos). En él, podemos encontrar desde botellas para "aguas de lujo" hasta cajas de golosinas "para adultos", pasando por originales packs para fragancias o gamas completas de productos de alimentación. Los colores llamativos, las etiquetas originales, las formas increíbles, las tipografías inusuales y los variados materiales... son los encargados de darle forma a nuestro PACK!

Fabiola Reyes

bottles

_SHAPES_TEXTURES_LABELS_

_FORMAS_TEXTURAS_ETIQUETAS_

Odeur 53

CLIENT_Comme des Garçons Parfums
Paris, France
www.doverstreetmarket.com
DESIGNED BY_Marc Atlan_Marc Atlan Design, Inc.
Venice, CA. USA
www.marcatlan.com

The design of Odeur 53 is a visual take on an aromatic chemical formula, as if concocted in the clinical environment of an experimental lab. Its 53 fragrance components are all cloned odors and the pack had to reflect this artificial vocabulary, as organized as a periodic table of atomic weights. The classic vertical volume of the cologne bottle has been knocked onto its side to emphasize the mass and substance of this complex odor. A putty gray box, as generic and banal as an administrative computer, further articulates the strange and simulated world of Comme des Garçons Odeur 53.

El diseño de Odeur 53 es una representación visual de una aromática fórmula química, como si hubiese sido preparada en el entorno clínico de un laboratorio experimental. Los componentes aromáticos de Odeur 53 son todos olores clonados, de ahí que el envase tuviera que reflejar este vocabulario artificial, tan organizado como la tabla periódica de los pesos atómicos. El clásico volumen vertical de la botella de colonia se ha expandido hacia los lados para enfatizar la masa y la sustancia de este complejo aroma. Una caja gris crema, tan genérica y banal como un ordenador, articula el extraño y simulado mundo de Odeur 53 de Comme des Garçons.

>> p.66

Comme des Garçons Packaging Designs

CLIENT_Comme des Garçons Parfums
Paris, France
www.doverstreetmarket.com
DESIGNED BY_Marc Atlan_Marc Atlan Design, Inc.
Venice, CA.USA
www.marcatlan.com

Jason Markk

>> p.67

CLIENT_Jason Markk Inc.
DESIGNED BY_Chhun Tang, Dan Nguyen & Jason M. Angsuvar
Illustrator_April Larivee_Photographer_Benson Ng
Torrance, CA. USA
www.jasonmarkk.com

The inspiration for this project came to "Koi", a beautiful fish. All the colours, variations, sizes and they are really peaceful to watch. Besides their aesthetic appeal, this fish have several symbolic meanings behind them such as perseverance, family, and good luck (?). All very meaningful to the designers. They wanted a very clean look so they started with a white box. They liked the organicness of the paint splatter and how some of the splatter naturally shaped the fish. Continuing with the clean look, instead of covering the bottle with a full size label, they went with a smaller label to give the solution itself some shine and a unique look and top it off with a clear cap.

La inspiración para este proyecto surgió de "Koi", un bonito pez, de todos sus colores, variaciones, tamaños y de la relajación que se siente al observarlos. Además de su atractiva estética, estos peces tienen varios significados simbólicos como la perseverancia, la familia y la buena suerte (?). Todos ellos muy significativos para los diseñadores. Buscaban un aspecto muy limpio, así que empezaron a trabajar con una caja blanca. Les gustó la idea de la formas orgánicas que surgían al salpicar pintura sobre el blanco y como estas salpicaduras se asemejaban de una forma natural a la forma de los peces. Siguiendo con la idea del aspecto limpio, en lugar de cubrir toda la botella con una etiqueta, lo hicieron con una etiqueta más pequeña para conseguir que esta solución aportara brillo y un aspecto único y, finalmente la taparon con un tapón claro.

Elsenham Bottle

CLIENT_Elsenham Water Limited
UK
www.elsenhamwater.com
DESIGNED BY_Elsenham Water Limited

Elsenham artesian spring water is positioning itself at the luxury premium end of the market with a highly selective approach. The bottle and the cap are like architecture and unique, with both having been registered with full copy right design rights the bottle is completely re-cyclable with the correct re-cycling symbol on the side. It has been designed to reflect the purity of the water and is unlike any other bottle.

Gracias a un acercamiento muy selectivo, el agua artesiana elsenham se ha posicionado entre los productos de mejor calidad del mercado. La botella y el tapón, verdaderas piezas de arquitectura, son únicos y han sido registrados con todos sus derechos de diseño. La botella es reciclable al cien por cien y lleva en el lateral el símbolo correspondiente. Su llamativo y original diseño, ha sido ideado para reflejar la pureza del agua.

Gloji Bottle

CLIENT_Gloji, Inc.
Los Angeles, USA
www.gloji.com
DESIGNED BY_Gloji, Inc.

The idea of the Gloji package design is based on three related elements: first, the brand name "Gloji", second, the main ingredient "Goji berry", and third, their slogan "The juice that makes you glow". By using a lightbulb-shaped bottle, it can't be any simpler to communicate the concept of "Glowing and Healthy". More meaning behind the bottle is it represents the energy, bright idea and something that light-up-your-life. This innovative lightbulb-shaped bottle also looks and fits great in your hand, like a fashion accessory.

La idea del diseño del envase Gloji se basa en tres elementos afines: primero, el nombre de la marca "Gloji", el segundo, el componente principal "la baya Goji", y el tercero, su eslogan "El zumo que te ilumina". Usando una botella con forma de bombilla, no podría ser más fácil comunicar el concepto de "brillante y saludable". La botella oculta otros significados como la energía, la idea de luminosidad y algo que enciende la vida. Esta innovadora botella con forma de bombilla ha sido ideada como si de un accesorio de moda se tratase para lucir en tu mano.

goji
gold
100% JUICE
PREMIUM GOJI
THE JUICE THAT MAKES YOU GLOW™
11 fl oz (325 ml)

goji
mix
100% JUICE
GOJI & POMEGRANATE
THE JUICE THAT MAKES YOU GLOW™
11 fl oz (325 ml)

Estrella Levante

CLIENT_Seis Grados / Estrella Levante
DESIGNED BY_espluga+associates
Barcelona, Spain
www.espluga.net

The monoblock bottle design for the special edition of the estrella levante beer. The brief included the following concepts: night+diversity+modernity. The launch of the pack was preceded by a powerful campaign from buzz marketing which toyed with the idea of "the secret". The bottle had to depict this same concept but in a way which was subtle since the bottle would continue to be on the market once the launch campaign was over.

Diseño de la botella monoblock de la edición especial de la cerveza estrella levante. El encargo incluía los conceptos: noche+diversidad+modernidad. El lanzamiento del pack fue precedido por una campaña de buzz marketing muy potente que jugaba con el concepto de "el secreto". La botella tenía que recoger este concepto pero de modo sutil, ya que una vez pasada la campaña de lanzamiento, la botella seguiría en el mercado.

Antipodes Bottle

CLIENT_The Antipodes Water Company
New Zealand
www.antipodeswater.co.nz
DESIGNED BY_Len Cheeseman, Howard Greive & Kim Thorp

Antipodes water is designed to compliment fine food and the antipodes bottle is designed to compliment the places where fine food is served. It didn't have to fight to be seen on a supermarket shelf because it would never be found on one. Inside and out antipodes is clean, clear and pure, letting the wine and food be the heroes of the table. Bottled at source in locally made recycled glass which is in turn recyclable, antipodes packaging is kept to minimum, is shipped rather than air freighted to its markets and as a result is the world's first certified carbon zero mineral water bottled in glass.

El agua Antipodes es ideal para acompañar una buena comida y su botella ha sido diseñada para homenajear aquellos lugares en los que se sirve una buena comida. No tuvo que luchar para ser vista en un estante de un supermercado ya que ése no era su destino. Por dentro y por fuera, el agua Antipodes, obtenida directamente en un acuífero y embotellada en cristal reciclado en la zona, a su vez reciclable, es limpia, clara y pura, dando el protagonismo de la mesa al vino y la comida. El minimalista envase Antipodes llega a sus mercados mundiales a bordo de barcos en lugar de por avión, gracias a lo cual ha sido la primera agua mineral del mundo embotellada en vidrio con el certificado de carbono cero.

Michael Austin Packaging

CLIENT_Michael Austin Winery
St. Helena, Ca. USA
www.michaelaustinwines.com
DESIGNED BY_Hatch Design
San Francisco, Ca. USA
www.hatchsf.com

The Michael Austin Winery was started by two long-time friends, whose middle names are "Michael" and "Austin". Rather than pretend that Michael Austin actually exists, we invited stories about a character, loosely inspired by the two founders' lives, for each label. For example, "Bad Habit" refers to how the two met in catholic school, "High Flyer" because one of them flies small airplanes, etc.

La bodega de Michael Austin fue fundada por dos viejos amigos, cuyos segundos nombres eran respectivamente "Michael" y "Austin". Más que insistir en la existencia real de Michael Austin, creamos historias sobre un personaje, inspirado vagamente en la vida de los dos fundadores, para cada etiqueta. Por ejemplo, "Mala costumbre" habla de cómo nuestros amigos se conocieron en una escuela católica y "Gran aviador" se debe al hecho de que uno de ellos es un aficionado a pilotar avionetas, etc.

alc 14.1% by Vol
HIGH FLYER
Borra Vineyard
LODI
Viognier
year..2004. from
Michael Austin
alc 14.5% by Vol
GRAPE TAMER
NAPA VALLEY
Stags' Leap Ranch
Syrah
year..2002. from
Michael Austin
alc 14.5% by Vol
BAD HABIT
NAPA VALLEY
Cabernet Sauvignon
year..2003. from
Michael Austin

Absolut Ruby Red

CLIENT_V&S Absolut Spirits
Stockholm, Sweden
www.vsgroup.com
DESIGNED BY_BVD Blidholm Vagnemark Design®
Stockholm, Sweden
www.bvd.se

The design solution reflects this new taste, RUBY RED (blood grapefruit) and gives the bottle a unique character that takes this well established brand ABSOLUT in a little different direction than the previous designs. The challenge is to gain the most effect with very little, as the technical restrictions are great. It is a balance between developing a solution that is consistent with the flavored vodka category as well as making this product a strong individual within the ABOSLUT VODKA family.

Blidholm Vagnemark Design ha ideado el envase para un nuevo sabor de la línea de producto ABSOLUT VODKA. La nueva solución de diseño, además de reflejar este nuevo sabor, el ROJO RUBÍ (pomelo rojo), dota a la botella de un carácter único a través del cual esta prestigiosa marca se aparta ligeramente de su imagen habitual. El reto consistió en conseguir el máximo efecto con escasos recursos, ya que las restricciones técnicas eran considerables. El resultado fue un equilibrio entre el desarrollo de una solución que armonizase con la categoría del vodka aromatizado y el fortalecimiento de la individualidad del producto en el seno de la familia ABOSLUT VODKA.

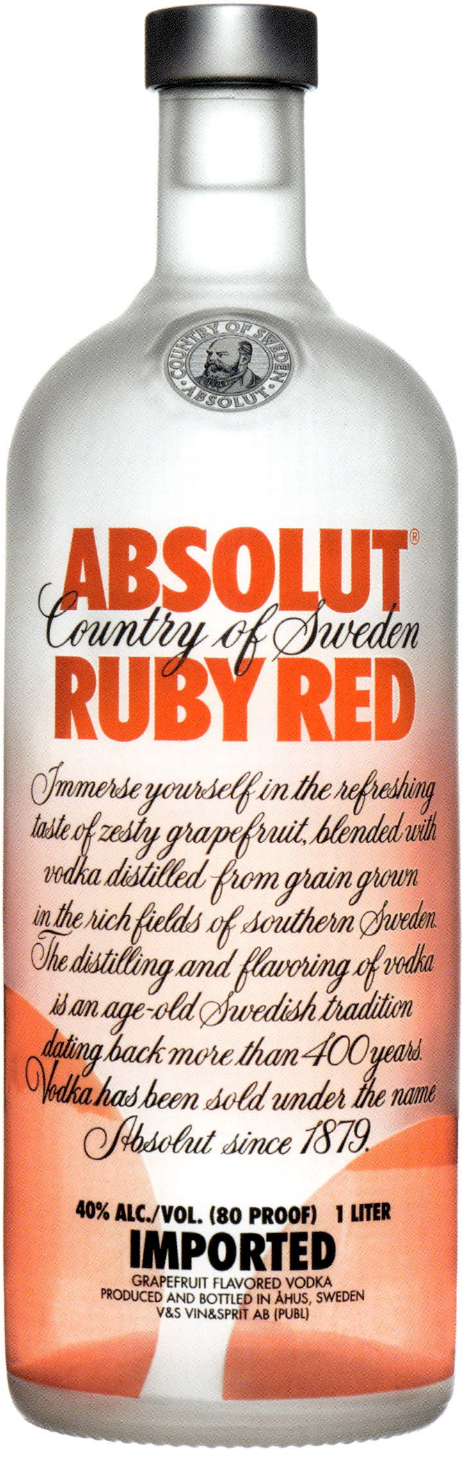

CLIENT_V&S Absolut Spirits
Stockholm, Sweden
www.vsgroup.com
DESIGNED BY_BVD Blidholm Vagnemark Design®
Stockholm, Sweden
www.bvd.se

Absolut Pears stands out as the first green product in the range. The flavour is a sweet and peppery one, fruity, and with a distinct overtone of sweet, mature pears. Absolut is the first vodka to use pears as flavouring. We wanted to capture the product's personality and to produce a design that makes it a clear member of the Absolut family. A classic flavour, but a modern one. The starting point for the design solution was the very clear colour signal and the elegant, organic shape of the pear. The design offers something for its viewer to discover and experience. With the help of the iconic bottle design, we have created the optical illusion of a pear. We have handled a traditional shape in an unconventional way.

Absolut Pears destaca por ser el primer producto verde de la línea; se caracteriza por un sabor afrutado, entre dulce y picante, y por un claro sabor de fondo propio de las peras dulces y maduras. Absolut es el primer vodka que utiliza las peras como aromatizante. Nuestro primer objetivo consistió en captar la personalidad del producto para así poder crear un diseño que lo convirtiese en un nuevo miembro de la familia Absolut: un aroma clásico pero a la vez moderno. El punto de partida para la solución de diseño fue la clarísima señal de color y las formas orgánicas y elegantes de la pera. El diseño ofrece a los espectadores la posibilidad de descubrir y experimentar algo. Al final, con la ayuda del diseño icónico de la botella, logramos crear la ilusión óptica de una pera, tratando una forma tradicional de una manera poco convencional.

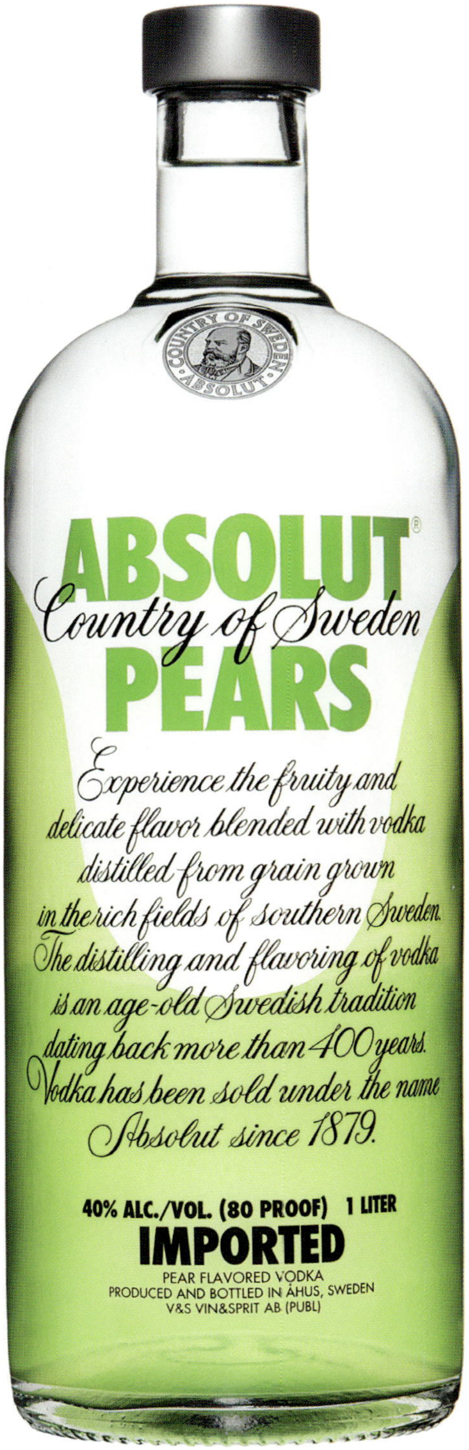

Juliette has a Gun Packaging

CLIENT_Romano Ricci_Juliette has a Gun Perfumes
Paris, France
www.juliettehasagun.com
DESIGNED BY_Juliette has a Gun Perfumes

Simple and sober but specially elegant, in mysterious black colour or ingenuous white, Romano Ricci paid attention to all the details and designed his perfume like a precious stone. The bow on the top of the packaging transmits the idea of an everyday present. The curves and arabesques of the very detailed logo coming with a touch of luminous red, evoke a modern romanticism tainted of rebellion.

Simple y sobrio, aunque muy elegante, con el misterio del negro y la ingenuidad del blanco, Romano Ricci prestó atención a todos los detalles y diseñó su perfume como de una piedra preciosa se tratase. El lazo en la parte superior del envoltorio transmite la idea de un regalo diario. Las curvas y los trazos arabescos del minucioso logotipo caracterizado por los tonos rojizos evoca un romanticismo moderno contaminado de rebelión.

Comme des Garçons Christmas Pillow

CLIENT_Comme des Garçons Parfums
Paris, France
www.doverstreetmarket.com
DESIGNED BY_Marc Atlan_Marc Atlan Design, Inc.
Venice, CA.USA
www.marcatlan.com

Every holiday season, Comme des Garçons comes out with a limited edition of their eau de parfum using the existing bottle but modifying its aspect in some extravagant or unusual way. Christmas Pillow envelops the perfume in a plush black velvet shroud, blurring the line between fragrance and fashion. The woven label containing all the product information simulates a clothing tag.

Coincidiendo con cada época festiva, Comme des Garçons lanza una edición limitada de sus aguas de perfume usando el frasco existente pero modificando su aspecto de forma extravagante o poco corriente. Christmas Pillow envuelve el perfume en un lujoso envoltorio de terciopelo negro, desdibujando la línea entre la fragancia y la moda. La etiqueta tejida con toda la información sobre el producto reproduce una etiqueta de ropa.

>> p.131

Sonia Kashuk Fragance Bottle

CLIENT_Sonia Kashuk
DESIGNED BY_Harry Allen, Shawn Booth
& Thomas Yu
Photo © Anton Young
Harry Allen & Associates
New York, USA
www.harryallendesign.com

Daub & Bauble

CLIENT_Daub & Bauble
www.daubandbauble.com
DESIGNED BY_Richard Boynton_Wink
Minneapolis, MN. USA
www.wink-mpls.com

Soaps and lotions occupy valuable coutertop real estate throughout the home. They've become a home decor accessory extending the expression of the consumers' interior design sensibility. The solution was "edition packaging" something completely new within the category. Within each fragrance line there are 3 designs (or options) of wallpaper-esque patterns: modern, classic, and toile. And with each reprint, the patterns will evolve and update. Even with the selection of a "signature" fragrance there's still more than enough variation within the product line. And the consumer can continually update their aesthetic (just like the strategically placed coffee table book or the newly acquired throw pillow). The information on the label is compact and allows the bottles to be rotated and displayed with only the pattern facing outward.

Los jabones y las lociones ocupan un espacio considerable en las encimeras de las casa: se han convertido en un accesorio decorativo que ayuda a expresar la sensibilidad del consumidor respecto al diseño de interiores. La solución fue "edition packaging", algo completamente innovador en esta categoría. Para cada línea de perfume hay tres diseños (u opciones) de motivos que recuerdan al papel pintado: moderno, clásico y lienzo. Y con cada reimpresión, el motivo evoluciona y se actualiza. Incluso si se elige un perfume "firmado", hay suficiente variedad dentro de la línea del producto, gracias a lo cual el consumidor puede actualizar continuamente su estética (por ejemplo, como el libro de mesa de café estratégicamente colocado o como la recién adquirida almohada). La información de la etiqueta es reducida para que las botellas, una vez giradas, muestren únicamente el motivo decorativo.

Daub&Bauble
TAROCCO ORANGE AND CLOVE
Hand Wash with Aloe
Daub&Bauble
SORRENTO LEMON AND GINGER
Hand Wash with Aloe
Daub&Bauble
MISSION FIG AND THYME
Hand Wash with Aloe

Daub&Bauble
TAROCCO ORANGE AND CLOVE
Hand Lotion with Shea Butter
10 fl.oz. (300 ml)

Fresca & Lavanda

CLIENT_RNB laboratories
DESIGNED BY_Lavernia & Cienfuegos
Valencia, Spain
www.lavernia.com

Lavernia & Cienfuegos a design studio has designed bottles and graphics for two mass-market colognes distributed by Mercadona stores nationwide. The bottles (750ml) are made out of coloured translucent plastic. A modern and clear design with an air of sophistication.

El estudio de diseño Lavernia & Cienfuegos, ha diseñado las botellas y gráfica de dos aguas de colonia mass-market de venta en la cadena de distribución Mercadona. Las botellas (750 ml) son de plástico soplado coloreado, con un acabado translúcido. Un diseño actual con un aire sofisticado para un concepto de colonia a granel.

Finé Bottle

CLIENT_Finé Japon
Tokyo, Japan
www.finejapon.com
DESIGNED BY_ Jonathan Savoie_Nomadic Luxury
Japan
www.nomadicluxury.com

Finé bottle design came from wanting to design a bottle that was modern and minimalist and yet still had rotos in more classic bottle designs. Jonathan Savoie looked at many wine and vodka and sake bottles and until he felt he really wanted to use a sort of classic shouldered glass bottle. He thought that using a frost bottle really helped to convey the feeling of water and how refreshing it is. He wanted a sense or cold or mystery and liked that you could not quite see into the bottle unless you had it in the fridge and then took it out, then the water would would temporarily let you see through the frost coating and get a glimpse of the water inside. It tries not to use any extra logos or design elements unless essential and in regards to the font he had a kind of idea about using something mid-century modern, yet slightly rounded as water has no hard edges. Lastly he added the clear Japanese character for water on the front since he thought it was a nice way to distinguish Finé water from others and also an interesting design element to make people think -what does that mean?. Also it is like a little window which lets you see into the bottle and the water.

El diseño de la botella Finé surge a partir del deseo de crear una botella moderna y minimalista, sin perder el contacto con las raíces más clásicas. Jonathan Savoie observó muchas botellas de vino, vodka y sake, hasta sentir que quería utilizar una botella de corte clásico. Pensó que utilizando una botella helada transmitiría una sensación de agua fresca. Quería comunicar una sensación de frío y misterio, así como la imposibilidad de ver completamente el interior de la botella, a menos que hubiese estado durante un tiempo en la nevera y, una vez fuera, nos dejase entrever a través de la pátina helada el agua. No usa ningún logotipo extra o elementos de diseño superfluos y en cuanto a las fuentes tipográficas, utiliza un carácter de mediados del siglo XX, aunque ligeramente redondeado puesto que el agua no tiene bordes. Por último, incorpora en la parte frontal el carácter japonés que simboliza el agua; ya que le parecio una bonita forma de diferenciar el agua Finé de las otras, así como de añadir un elemento de diseño interesante que hiciese reflexionar a la gente sobre su significado. Asimismo, este símbolo es como una pequeña ventana a través de la cual es posible ver el agua contenida en la botella.

Miniblack

>> p.59

CLIENT_FREIXENET S.A.
Barcelona, Spain
www.freixenet.es
DESIGNED BY_HUMANA Cultura en Comunicación
Barcelona & Madrid, Spain
www.humanacultura.com

Humana Group designed and developed the new image of "Miniblack by Freixenet": modern, original, young and innovative. "Miniblack" gives to Freixenet a new young look because its design is absolutely transgressor inside cava's sector. With regard to the colours -white, black and gold- these support the name, quality and sophistication of the product. "Miniblack" is a proposal to reach a young position, modern and present of cava and to reach changes on the buying habits of this product. For that, original bottle (20cl) includes a glass that makes easy the consumer's mobility. Informality required...

El Grupo Humana ha diseñado y desarrollado la nueva imagen de Miniblack by Freixenet: moderna, original, innovadora, joven y rompedora. Así, Miniblack rejuvenece a Freixenet gracias a un diseño absolutamente rompedor dentro de la categoría del cava. Los colores empleados -blanco, negro y dorado- refuerzan el propio nombre, así como la calidad y sofisticación del producto. Miniblack by Freixenet es una propuesta para lograr un posicionamiento joven, moderno y actual del cava, al tiempo que persigue cambios en sus hábitos de consumo. Para ello, la original botella de 20 cl. incorpora una copa que facilita la movilidad del consumidor. Se ruega informalidad...

>> p.81

Codizia

CLIENT_RNB laboratories
DESIGNED BY_Lavernia & Cienfuegos
Valencia, Spain
www.lavernia.com

CODIZIA is a fragrance developed for women who look for a quality and premium product, but at a much lower price than the top range perfumes. Its bottle tries to transmit these attributes: elegance, personality and sophistication. With its rounded shapes, the golden finished glass, and the two curved white surfaces, which facing each other, produce a light and reflection effect. The package has a graphic design that refers to the shapes and colours of the bottle.

CODIZIA es una fragancia dirigida a un mercado femenino que busca un producto de calidad, diferencial, pero a un precio muy inferior a las colonias del segmento de gama alta. El envase trata de comunicar estos atributos: elegancia, personalidad y sofisticación. En base a formas redondeadas, en vidrio acabado en oro y con dos superficies blancas curvas, enfrentadas, que producen un juego de luces y reflejos. La caja se resuelve con un gráfico que alude a las formas y colores del envase.

Blossa Annual Line

CLIENT_V&S Group
DESIGNED BY_BVD Blidholm Vagnemark Design®
Stockholm, Sweden
www.bvd.se

BVD has design the packaging for the fifth year in a series of Annual Edition Blossa Glögg (Swedish mulled wine) products by Vin & Sprit Group. Each year features a new taste, a new bottle colour and new typographic solution in keeping with the the annual theme. The name 07 refers to the Christmas season 2007 and is produced as a limited edition of which has sold out every year within the first few weeks. The bottle form itself is unique and custom designed for this product. 2007 bottle is dark brown, with a copper coloured 07 in a shadow typeface. A visual interpretation of the two flavours, the brown from the cinnamon and the bright orange (copper) from the sea buckthorn berry as well as the mystical nordic element within this combination. Sea buckthorn is a powerful and energy rich berry that grows along the Scandinavian coastline and also referred to as "passionfruit of the north".

Blidholm Vagnemark Design ha ideado los envases y embalajes para la quinta edición anual de los productos Blossa Glögg (ponche caliente de vino y especias sueco) de la marca Vin & Sprit Group. Anualmente se presenta un nuevo sabor, un nuevo color de botella y una nueva solución tipográfica relacionados con el tema anual. El nombre 07 hace referencia a la Navidad 2007 y se produce en una edición limitada que se vende anualmente durante las primeras semanas. La forma de la botella es única y presenta un diseño personalizado para este producto. La botella de 2007 es de color marrón oscuro con el número 07 en cobre y un carácter tipográfico sombreado; se trata de una interpretación visual de los dos sabores, el marrón para la canela y el naranja vivo (cobre) para el espino amarillo, así como del elemento místico nórdico de esta combinación. La baya del espino amarillo, conocida también como "fruto de la pasión del norte", es fuerte y energética y crece a lo largo de la costa escandinava.

BLOSSA® GLÖGG
05
BLOSSA Starkvinsglögg Hjortron & Armagnac, Julen
15%vol 750ml
BLOSSA® GLÖGG
06
BLOSSA Starkvinsglögg Lingon & Enbär, Julen 2006
15%vol 750ml
BLOSSA® GLÖGG
07
BLOSSA Starkvinsglögg Havtorn &
15%vol 750ml

Keen Fruit

CLIENT_Professor Maribeth Kradel-Weitzel
Philadelphia University, PA. USA
DESIGNED BY_Kevin J. Furst_Kevin Furst Design
Philadelphia, PA. USA
www.kevinfurstdesign.com

Inspired by Earth Day, Keen Fruit keeps the environment in mind through its minimalist approach to packaging, colour palette and use of sustainable materials. The six-pack carrier is designed from 100% post consumer waste and can be easily recycled with your newspapers. The label design is white with accent colours that come directly from the fruit photograph on the label. The minimal colour palette and clean type accentuate the fresh, sophisticated feel of the product.

Inspirándose en el Día de la Tierra, Keen Fruit tiene presente el medio ambiente a través de su acercamiento minimalista al diseño del envase, de la paleta de colores y del uso de materiales sostenibles. El embalaje de seis paquetes ha sido diseñado a partir de residuos postconsumo 100% y puede reciclarse con facilidad junto con los periódicos. El blanco del diseño de la etiqueta se rompe con los colores de la fruta fotografiada directamente en la etiqueta. La reducida paleta de colores y el carácter limpio acentúa la sensación fresca y sofisticada del producto.

>> p.76

Iskilde

CLIENT_Iskilde ApS
Skanderborg, Denmark
www.iskilde.dk
DESIGNED BY_ Jesper Mathiesen_Agency: Envision
Århus C, Denmark
www.jma.mdd.dk

The objective was to achieve a result which was functional, classical, and simple. The designer wanted it to be as clean as possible to make sure that the design told the right story about the product, not just to look good and be a nice docoration. The water is extremly clean and the main challenges was to make sure that the label design didn't compete with the bottle, but became a part of it instead, reinforcing the message of cleanness. The blue colour, witch was a naturly choice to the name Iskilde (cold spring) and the logo gives the design the scandinavian history we wanted.

El objetivo consistía en obtener un resultado que fuese funcional, clásico y simple. El diseñador quería que fuese lo más nítido posible para asegurarse de que el diseño contaba la verdadera historia del producto, y no sólo para parecer bonito y decorativo. Como el agua es sumamente pura, el principal reto fue asegurarse de que el diseño de la etiqueta no compitiese con la botella, sino que acabase siendo una parte de la misma, reforzando el mensaje de pureza. El color azul, que fue una elección obvia para el nombre Iskilde (manantial frío), y el logotipo otorgó al diseño la historia escandinava que la marca quería.

The Mini Garage Winery

CLIENT_The Garage Winery e.K.
Oestrich-Winkel, Germany
www.garagewinery.de
DESIGNED BY_KOREFE/Kolle Rebbe Form und Entwicklung
Hamburg, Germany
www.korefe.de

Young wine producer Anthony Robert Hammond's ANTHONY'S GARAGE WINERY is situated in the best of German locations: the Rheingau. The development of a new product for an unusual wine series which will take the gastronomy scene by storm. With the idea of making wine drinking popular at parties in mind, we've invented a wine in a short and stumpy amber beer bottle, a handy wine miniature with a crown cap top now available in RHEINGOLD (white wine) and ROSAMUNDE (ros) varieties.

La bodega ANTHONY'S GARAGE del joven productor de vinos Anthony Robert Hammond está situada en una de los mejores lugares de Alemania: el Rheingau. Se ha tratado del desarrollo de un nuevo producto para una serie de vinos fuera de lo corriente que cautivará la escena gastronómica. Con la idea de popularizar el consumo de vino en las fiestas, creamos un vino en una botella de cerveza ámbar corta y achaparrada, una miniatura de vino práctica con tampón de corona ahora disponible en las variedades RHEINGOLD (vino tinto) y ROSAMUNDE (rosado).

>> p.82

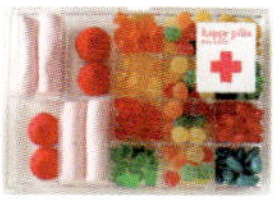

Happy Pills

CLIENT_Domingo Ojeda, IBC
DESIGNED BY_m Barcelona
Marion Dönneweg, Mireia Roda & Merche Alcalá
Barcelona, Spain
www.m-m.es

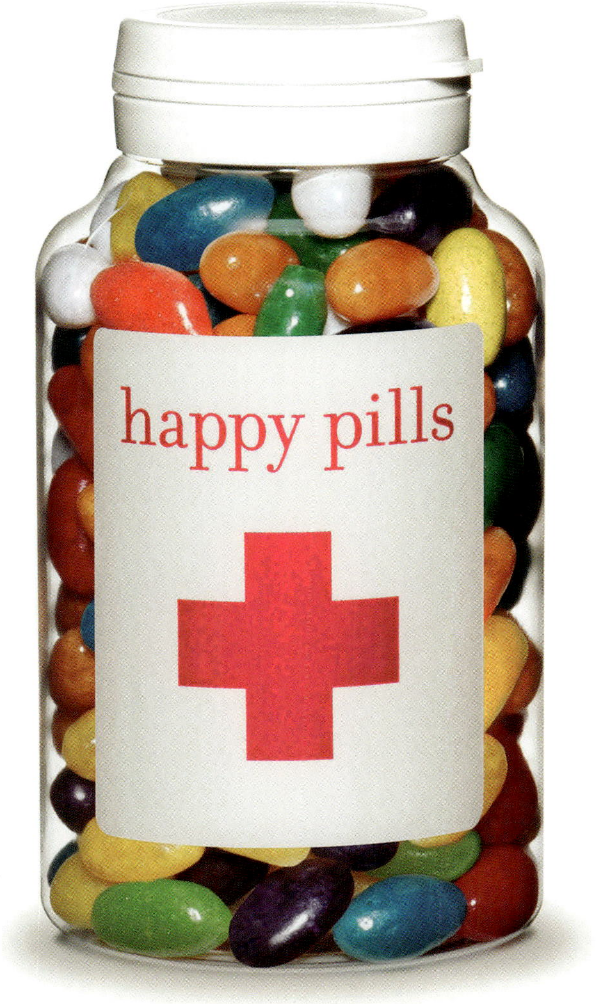

Immediately upon accepting the commission the studio realised there were no children passing through the area and they made a proposal to create a candy shop for adults. Their reasoning was that to partake of something sweet adds a boost to the humour. Seen like this, we can take sweets and candies to be little mouthfuls of happiness, just what we need to get us through setbacks such as Sundays without football, that Monday morning feeling, the climatic change, the pineapple diet and the cost of living. They've given them a slight pharmaceutical look by using the sort of bottles we usually associate with aspirins or vitamins and they've added a list of ingredients: 3% blue sky, 5% dirty joke, 2% Andalusian accent, 3% John Cleese extract, 8% la vie en rose, etc. The customer fills their own bottles with the sweets they like best and decides what they would like to treat with labels printed in different languages: Spanish, Catalan, English and Japanese. There are also emergency kits for acute cases, HAPPY PILLS for pockets, suitcases and HAPPY PILLS to get you through the entire day.

Al aceptar el encargo el estudio se dio cuenta que en la zona no había tráfico de niños, y propusieron hacer una tienda de golosinas para adultos. Su reflexión fue que comer algo dulce conlleva una pequeña subida del estado de ánimo. Visto así, las chucherías son pequeños bocados de felicidad, necesarios para contratiempos como los domingos sin fútbol, los lunes, el cambio climático, la dieta de la piña y el precio de la vivienda. Le dieron un toque farmacéutico utilizando envases que se suelen asociar a aspirinas o vitaminas, y añadieron una lista de ingredientes: 3% azul cielo, 5% chiste verde, 2% acento andaluz, 3% excipiente de John Cleese, 8% la vie en rose, etc. El cliente llena el envase con las golosinas que más le gustan y decide qué mal quiere combatir con etiquetas impresas en castellano, catalán, inglés y japonés. Hay kits de emergencia para casos agudos, HAPPY PILLS de bolsillo, maletines y HAPPY PILLS para cada momento del día.

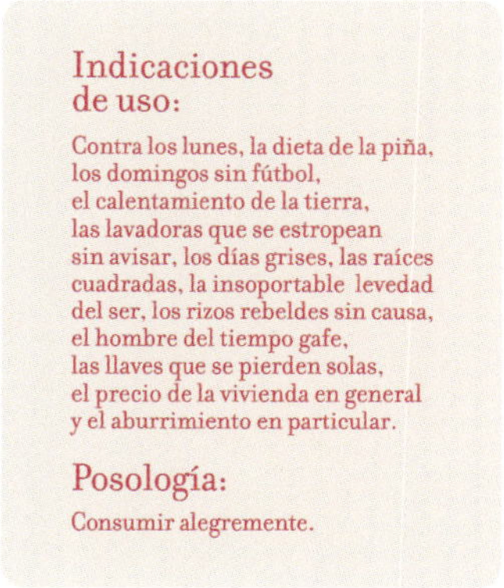

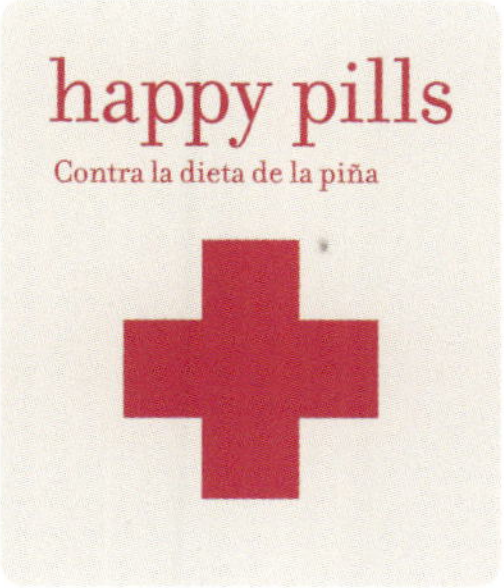

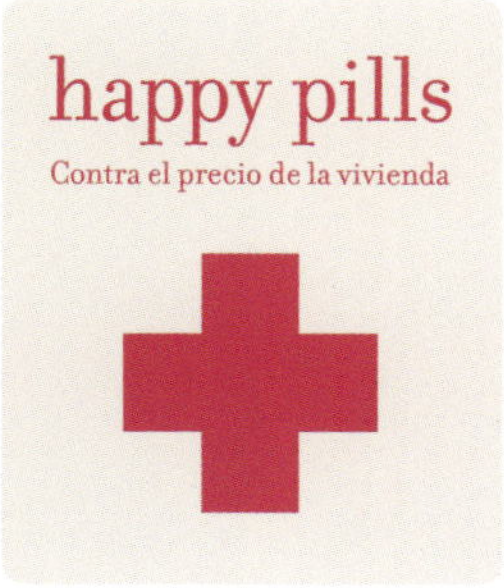

noche
comotú
sueños
comotú
libertad
comotú

>> p.73

COMOTÚ

CLIENT_RNB laboratories
DESIGNED BY_Lavernia & Cienfuegos
Valencia, Spain
www.lavernia.com

The collection of mass-market fragrances COMOTÚ, designed for MERCADONA, was aimed to be a simple product, in harmony with its price, but with a surprising presentation. In order to achieve a good brand image and minimize the costs of production, only one bottle design was used for the eight different fragrances, four in black for men and four in white for women. The distinct fragrances can be differentiated thanks to the different colours of their tops. The shape of the bottle is rounded and curved, and the packages show shiny and metallic colours. The final design both of the bottle and its package has the gift to transmit high quality and modernity at a competitive price. It proves that a mass-market product with a good design can be very successful.

La línea de fragancias "mass-market" COMOTÚ, diseñada para la cadena de supermercados MERCADONA, pretendía ser un producto sencillo, de acuerdo con su precio, pero muy bien presentado. Para potenciar la imagen de marca y minimizar los costes de producción se decidió diseñar una sola botella para las 8 fragancias, cuatro de hombre en negro y cuatro de mujer en blanco, y diferenciar cada uno de los perfumes con un color que sólo aparece en el tapón. Una botella de formas redondeadas, amistosa, envasada en cajas de sofisticados acabados brillantes y metalizados. El diseño final del conjunto "botella-caja de presentación" tiene la virtud de transmitir un alto nivel de calidad y de moda por un precio muy competitivo. Se demuestra así que los productos "mass-market", si están bien diseñados, se venden mejor.

Howling Monkey

>> p.116

CLIENT_ The Mackenzie Brewing Company
USA
DESIGNED BY_Turner Duckworth
London, UK & San Francisco, USA
www.turnerduckworth.com

This new American black and tan beer borrows its imagery from the old Texan wild west travelling shows. The howling monkey in a monkey suit is a quirky icon which gives the brand character and an individual personality. The hand lettering is reminiscent of the travelling show posters which gives the brand a heritage, important for this established sector. The embellishment contributes to the authenticity and creadability. The unique short dumpy tan glass with a black top is a true reflection of the product.

Esta nueva cerveza americana negra y marrón toma su imaginería de los espectáculos ambulantes del salvaje oeste tejano. El divertido mono en traje de etiqueta"es un icono extravagante que da el carácter de marca y una personalidad individual. La letra manuscrita es una reminiscencia de los carteles de los espectáculos ambulantes y da a la marca una herencia, importante pare este sólido sector. El adorno otorga una mayor carga de autenticidad y de credibilidad. El exclusivo vaso marrón corto y achaparrado con un borde negro es un verdadero reflejo del producto.

CLIENT_Click Wine Group
USA
DESIGNED BY_Turner Duckworth
London, UK & San Francisco, USA
www.turnerduckworth.com

Root One tells the story of the original ungrafted "Cabernet Sauvignon" rootstock, extinct in Europe and now found only in Chile. The rich history of the rootstock is visually linked to the final glass of wine, an image of which is hidden in the vine. As you read the story the root leads you down to where it all begins, beneath the soil. A gardener's tab creates a unique neck label and emphasizes the horticultural theme.

Root One cuenta la historia de la cepa original de "Cabernet Sauvignon" no injertada, extinguida en Europa y actualmente sólo rastreable en Chile. La rica historia de la cepa se relaciona visualmente con el último vaso de vino, una imagen de lo que se oculta en la vid. Mientras leemos la historia, la raíz nos conduce al lugar dónde empieza todo, bajo la tierra. Una aro de jardinero crea un collar único y ensalza el tema hortícola.

DRY Soda

>> p.117

CLIENT_DRY Soda Co.
www.drysoda.com
Seattle, WA. USA
DESIGNED BY_Steve Watson_Turnstyle
Seattle, WA. USA
www.turnstylestudio.com

DRY wanted its bottle to look at home in an upscale white tablecloth restaurant or a five-star hotel. Turnstyle design solution was intentionally minimalist. They endeavored to make the bottles sophisticated, but still fresh and inviting. Monochromatic, typographic and screen-printed labels boil product information down to their essence without extraneous bells and whistles. Minimal graphics on clear bottles allow the purity of the product to show through. The owner's signature on each bottle denotes a sense of craft behind each flavor's recipe. Four-pack carriers invert the color hierarchy, using bright floods of color so that the packaging stands out on cluttered grocery store shelves.

El objetivo de DRY era que su botella pudiese lucir en los hogares, en un exclusivo restaurante de manteles blancos o en un hotel de cinco estrellas. La solución propuesta por el estudio fue intencionadamente minimalista. Se esforzaron por conseguir unas botellas de líneas sofisticadas, pero a la vez frescas y atractivas. Unas etiquetas serigrafiadas monocromáticas y con caracteres tipográficos reducían la información del producto a su esencia, sin dar cabida a las florituras. El grafismo minimalista sobre las botellas transparentes trasmiten la pureza del producto. La firma del propietario en cada botella denota la presencia de algo artesanal tras cada receta de sabor. Los paquetes dee cuatro unidades invierten la jerarquía de colores, usando reflejos de color brillantes para que los envases destaquen en las abarrotadas estanterías de los supermercados y tiendas.

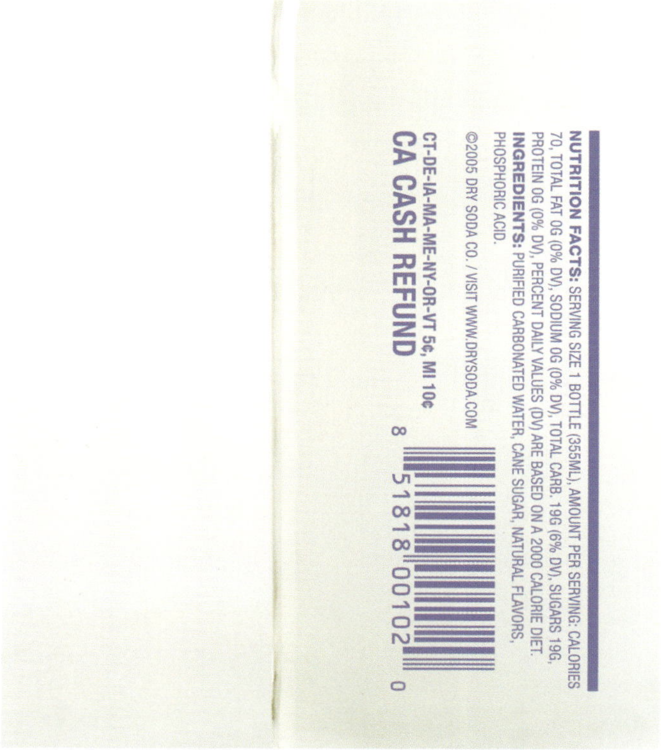

DRY
PRODUCED BY:
SODA: LAVENDER / 12 FL OZ (355 mL)

DRY
PRODUCED BY:
SODA: KUMQUAT / 12 FL OZ (355 mL)
refreshing citrus. sweet and tart. all natural.

LAVENDER
SODA

KUMQUAT
SODA

9.60

>> p.72

>> p.161

CLIENT_RNB laboratories
DESIGNED BY_Lavernia & Cienfuegos
Valencia, Spain
www.lavernia.com

A mass-market range of cosmetic products for men that are exclusively distributed in more than 1000 supermarkets of the Spanish chain MERCADONA. This basic line of cosmetics is related to concepts such as being fit, playing sport, exercising...The design of the package tries to reinforce these concepts. The name brings out the idea of a sport record, and the package makes reference to the morphology of the muscle. All the 100 ml and 200 ml containers were design with an ergonomic shape and fabricated in flexible plastic so they are very resistant and they can be carried in a sport bag.

Productos de cosmética masculina, de gran consumo "massmarket" que se distribuyen en exclusiva en los más de 1000 supermercados de la cadena española MERCADONA. Se trata de una línea básica que se posiciona como producto ligado a conceptos como estar en forma, hacer deporte, ejercicio físico... El diseño trata de reforzar este posicionamiento: mediante el naming, que remite a la idea de crono, de record deportivo, y mediante la resolución formal de los envases, que hacen referencia a la morfología del músculo. Todos los envases de 200 ml y 100 ml se han diseñado en materiales plásticos flexibles y en formas que se adaptaran a la mano y soportaran bien los golpes y el transporte en bolsas de deporte.

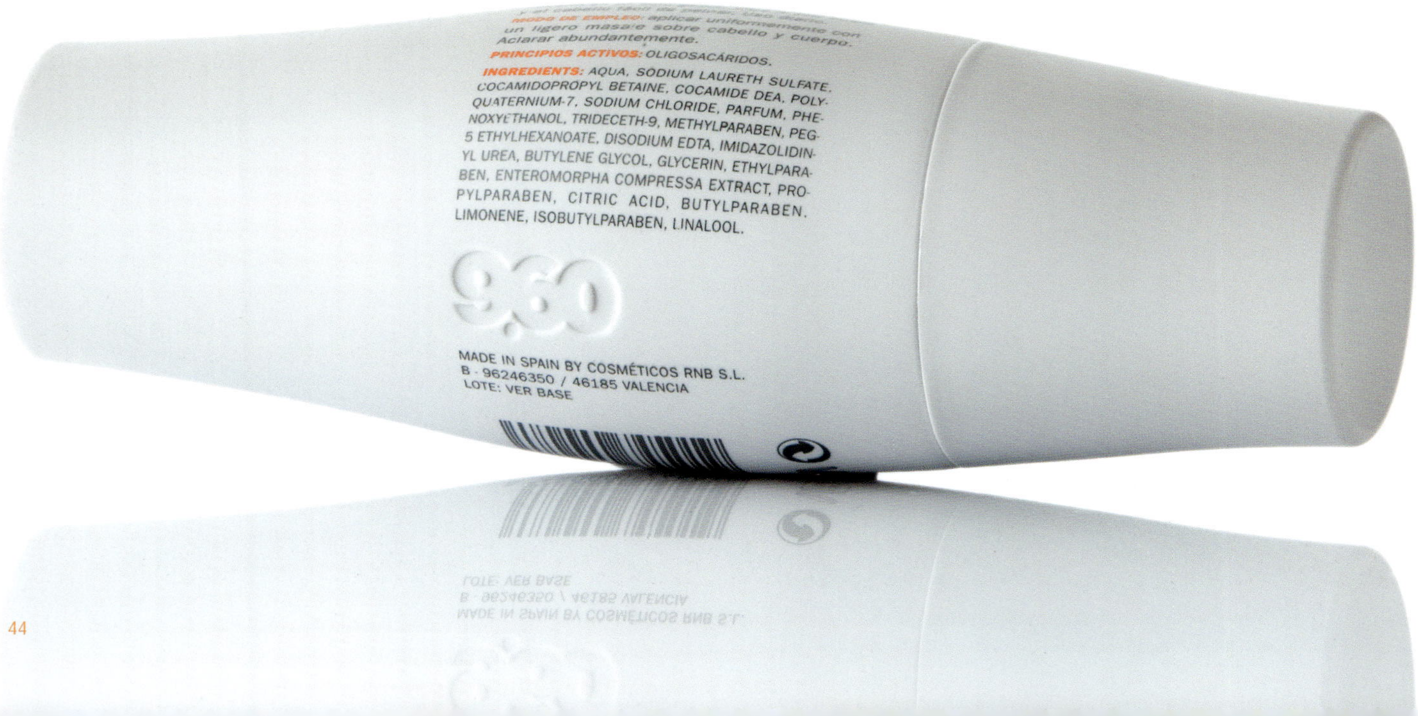

9.60
SPORT WATER
EAU DE TOILETTE · 200 ml e

OdeOliva

>> p.114

>> p.183

CLIENT_Export Olive Oil
www.odeoliva.com
DESIGNED BY_Eduardo del Fraile_DFraile
Murcia, Spain
www.dfraile.com

Selecting a pack from the pharmacists implies the product is beneficial to the health and with an opaque tint to preserve the quality of the oil, some product ranges are sought and even tinted opaque black to prevent the oil becoming damaged by sunlight. All elements are to emphasise the idea of this being a "container for a very special liquid". By using typography alone to represent and illustrate the content of each bottle, a truly eye-catching range was finally created which was lined up on the shop shelves where the product was on display. The minimal line would serve to openly show a product which had been made with great dedication.

Se seleccionó un pack del mercado farmacéutico para insinuar que el producto es beneficioso para la salud y se utilizó un tintado opaco para preservar la calidad del aceite. Se buscaron e incluso se tintó en alguna gama de producto con colores negros opacos de manera que el aceite no pudiese dañarse por la luz solar. Todos estos elementos enfatizan el concepto de "recipiente de un líquido muy especial". Finalmente con el solo uso de tipografía para representar e ilustrar el contenido de cada botella se creó una gama que realmente sorprendía en los lineales de las tiendas donde se exponía el producto. La línea minimal respondía para enseñar con honestidad un producto que se había elaborado con gran dedicación.

H20

CLIENT_Luxepack
Monaco
DESIGNED BY_Oriol Llahona
Positiu Design Consultants
Barcelona, Spain
www.positiu.com

On a summers evening beneath the Mediterranean stars, an exclusive dinner is being held in a Monte Carlo hotel: formal dress, exquisite cuisine, champagne and... Why not? Water. Yes, because H20 is bottled still water, specially designed for special events with the idea of becoming part of the event and not to be ignored. This hedonistic approach makes this a unique product, even as regards its use: A bottle in the shape of a glass to pour water into another glass. The singularity of this product even means this to be a transgressor at such events, the guest having to commit an act of such poor etiquette as to pass a drink from one glass to another.

Una noche de verano iluminada por las estrellas del Mediterráneo, en un hotel de Monte-Carlo, se celebra una cena exclusiva: trajes de gala, exquisita comida, champagne y... ¿Por qué no? Agua. Sí, porque H20 es una botella de agua sin gas, concebida para un evento especial y exclusivo, que pretende integrarse en el evento y no ser ignorada. Su afán hedonista la hace ser singular incluso en su uso: Una botella en forma de copa que sirve agua a otra copa. Su singularidad la hace incluso transgresora, pues hace cometer al invitado un acto tan poco protocolario como es pasar una bebida de una copa a otra.

Antidote

CLIENT_Viktor & Rolf
www.viktor-rolf.com
DESIGNED BY_Fabien Baron_Baron & Baron, Inc.
New York, USA
www.baron-baron.com

Bearing the signature of well-known designer Fabien Baron, the corners of this glass bottle are transformed into something of an apparition: the sides are reflected one inside the other as if they were mirrors. Antidote has the appearance of a longing. To relish being revitalised in its warm and luminous touch, like the promise of a new spring: hope, power and immortality. A black wax stopper, ready to pour its drops over the still poisoned void, immobile, suspended in time. To open a bottle of Antidote is like seeking the truth inside oneself, immersed in a world of promises and dreams. The wax stopper, emulating a top hat, is a three dimension version of the image Viktor & Rolf adopted for the first Broadway presentation of "Monsieur" in 2003.

Bajo la firma del reconocido diseñador Fabien Baron, los ángulos del frasco de cristal se transforman en una aparición: sus caras se reflejan una dentro de otra como espejos. Antidote ofrece la apariencia del anhelo. Acaricia una renovación en sus cálidas y luminosas notas como la promesa de una nueva primavera: esperanza, fuerza e inmortalidad. Un tapón de color negro intenso elaborado con cera, listo para derramar sus gotas sobre el vacío todavía envenenado, inmóvil, suspendido en el tiempo. Abrir un frasco de Antidote es como buscar la verdad en el interior de uno mismo, una inmersión en el mundo de las promesas y los sueños. Su tapón de cera, emulando un sombrero de copa, es una versión tridimensional de la imagen que Viktor & Rolf utilizaron para la presentación del primer "Monsieur" en Broadway en el 2003.

>> p.104

/lambda/

CLIENT_Speiron Company
DESIGNED BY_Corinna Michailidou
Speiron Company
Athens, Greece
www.speironcompany.com

What usually comes in one's mind about olive oils is a traditionally-looking packaging, trying to look pure and natural but end up completely picturesque. Speiron company didn't think like that. Instead, they took the other way around. The brief for /lambda/ ultra premium extra virgin olive oil was to radically reinvent the whole concept of purity and clarity. The vision of purity was empowered by choosing a flask-like bottle. Its "canvas" was used in a minimal yet modern way. The absence of color lets the natural color of the olive oil to be dominant. Two white circles emphasize simplicity and along with the Greek letter λ (presented as a symbol), its translation, and a white collar cap, gives a straightforward and very memorable visual. All the elements make the packaging of /lambda/ have a totally dogmatic impact.

Al pensar en el aceite de oliva, normalmente imaginamos un envase de aspecto tradicional, que intenta parecer puro y natural, pero que acaba siendo pintoresco. La empresa Speiron no piensa en absoluto así: ellos tomaron otro camino. El encargo para /lambda/, un aceite de oliva virgen extra de primera calidad, consistía en reinventar radicalmente el concepto de pureza y claridad. La imagen de pureza fue potenciada eligiendo un contenedor parecido a un frasco, con un diseño minimalista y moderno. La ausencia de color permite que el color natural del aceite sea el dominante. Dos círculos blancos realzan la simplicidad y, junto con la letra griega λ (presentada como un símbolo), su traslación, y un tapón de cuello blanco, otorgan al producto una imagen sencilla y realmente memorable. Todos estos elementos logran que el envase de /lambda/ tenga un impacto totalmente dogmático.

FlowerBomb

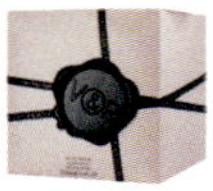

>> p.130

CLIENT_Viktor & Rolf
www.viktor-rolf.com
DESIGNED BY_Fabien Baron_Baron & Baron, Inc.
New York, USA
www.baron-baron.com

"Beauty is a weapon stronger than any other", it's for this reason Viktor & Rolf have chosen to present their perfume with the most radical bottle possible: a grenade detonated in the name of "the dream". A flower bomb in a diamond faceted bottle –the hardest and most difficult stone to destroy- and instantly fragile, to be engulfed in beauty, charisma and voluptuousness. A bottle which, on contact with light, is transformed into a sparkling prism, with a rose gold stopper inspired by high class jewellery. A bottle with magic powers, a spectacular diamond preserving the secrets of the woman who is carrying it.

"La belleza es un arma más fuerte que ninguna otra", es por ello que Viktor & Rolf han decido ofrecer a su perfume el envase más radical posible: una granada que se activa en nombre "del sueño". Una bomba de flores en un frasco facetado como un diamante, la piedra más dura y difícil de destruir, y frágil como un instante, para embriagarse de belleza, carisma y voluptuosidad. Un frasco que al contacto con la luz se transforma en un prisma flameante, con un tapón de oro rosa inspirado en la alta joyería. Un frasco con poderes mágicos, un espectacular diamante que encierra los secretos de la mujer que lo porta.

FLOWERBOMB
VIKTOR&ROLF
FLOWERBOMB
VIKTOR&ROLF
FLOWERBOMB
VIKTOR&ROLF

Estrella
Damm
INEDIT

Estrella Damm Inedit & A.K.Damm

CLIENT_S. A. DAMM
Barcelona, Spain
DESIGNED BY_SALVATORE ADDUCI, S.A.
Barcelona, Spain
www.salvatore-adduci.com

Beer is a drink which usually accompanies bar-snacks and informal meals. Up until now beer hasn't managed to compete with wine as an accompaniment to the finest meals. After a year and a half's collaboration between Damm, the master brewers, and the team of sommeliers from El Bulli and Salvatore Adduci as designer, (design of the bottle and design of the final packaging), Estrella Damm Inedit, the first beer designed for the gastronomy world, to be enjoyed with any dish, however sophisticated it may be, was successfully launched on the 11th March 2008 at the Alimentaria trade show. To solve the packaging problem for the new A.K.DAMM, Salvatore Aducci was asked to radically intervene for this new speciality of Alsatian beer: design the new bottle and design the new packaging with the objective of promoting the new status. It tooks the stork, the symbol of Alsace, as the identifying symbol, preserving the branding originally Designed in 2001.

La cerveza es una bebida que habitualmente acompaña a los aperitivos y a las comidas informales. Hasta hoy la cerveza no había conseguido competir con el vino en el acompañamiento de las mejores comidas. Tras un año y medio de colaboración entre los maestros cerveceros de Damm, el equipo de sommeliers de El Bulli y Salvatore Adduci como diseñador, (diseño de la botella y diseño del packaging final), Estrella Damm Inedit, la primera cerveza pensada para el mundo de la gastronomía, que se puede disfrutar con cualquier tipo de plato, por sofisticado que sea, fue presentada con éxito el 11 de marzo del 2008 en Alimentaria. Para resolver el problema de packaging de la nueva A.K.DAMM, se le solicitó a Salvatore Adduci intervenir de modo radical para esta nueva especialidad de cerveza alsaciana, diseñando la nueva botella y el nuevo packaging con el objetivo de potenciar el nuevo posicionamiento. La cigüeña, el símbolo de Alsacia, se tomó como identificador, conservando el branding diseñado en 2001.

boxes, bags & papers

_MATERIALS_GRAPHIC DESIGN_DIES_

_MATERIALES_DISEÑO GRÁFICO_TROQUELES_

Tea box

CLIENT_Carlo Giovani Estudio
DESIGNED BY_Carlo Giovani Estudio
São Paulo, Brasil
www.carlogiovani.com

Carlo Giovani Estudio team decided to give to some ordinary packages a new face based on the product inside, creating a kind of toy-pack, a beautiful object, that people can not put on the trash, but take it to them, reusing the pack. In this case, a beatiful chinese girl opens her mouth to offer you a delicious jasmine tea.

El equipo de Carlo Giocani Estudio, decidió dar una nueva imagen a unos envases y embalajes corrientes basándose en el producto interior y creando un tipo de paquete-juguete, un bonito objeto que la gente no tira a la basura sino que lo conserva y lo reutiliza. En este caso, una hermosa china abre su boca para ofrecer una delicioso té de jazmín.

WIDEX hearing aids

CLIENT_Goodmorning Technology ApS
DESIGNED BY_Goodmorning Designteam
Copenhagen, Denmark
www.gmtn.dk

This exclusive and simple packaging can hold the latest series of Widex ITE and BTE hearing aids. As the packaging is opened, a simple two-layer raster effect shows a sound wave spelling out the Widex slogan "High Definition Hearing", making it come alive. As part of the contents is a handy leather pouch with a double plastic moulding that is capable of holding a variety of hearing aids, making logistics easier. The pouch fits in your bag or pocket while on the road. As a hearing aid is a valuable and very personal item, great effort has been put into making this as small and effective as possible.

Esta exclusiva y sencilla caja ha sido ideada para contener la última serie de dispositivos auditivos ITE y BTE de la marca Widex. Mientras se abre la caja, una simple trama sonora en dos capas muestra una onda sonora que anuncia el eslogan de Widex "Audición de alta definición", haciéndole cobrar vida. Como parte del contenido, hay un útil estuche de piel con un molde de plástico doble en donde pueden colocarse diferentes tipos de audífonos. Este estuche cabe perfectamente en el bolso o en el bolsillo. Como el audífono es un artículo valioso y personal, se esforzaron mucho en conseguir que fuera lo más pequeño y efectivo posible.

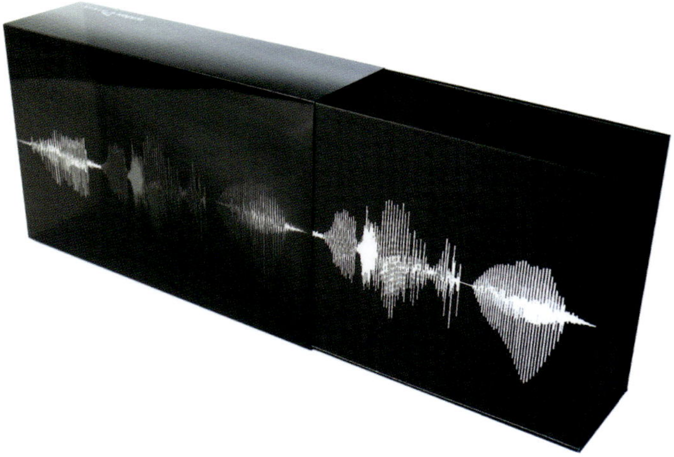

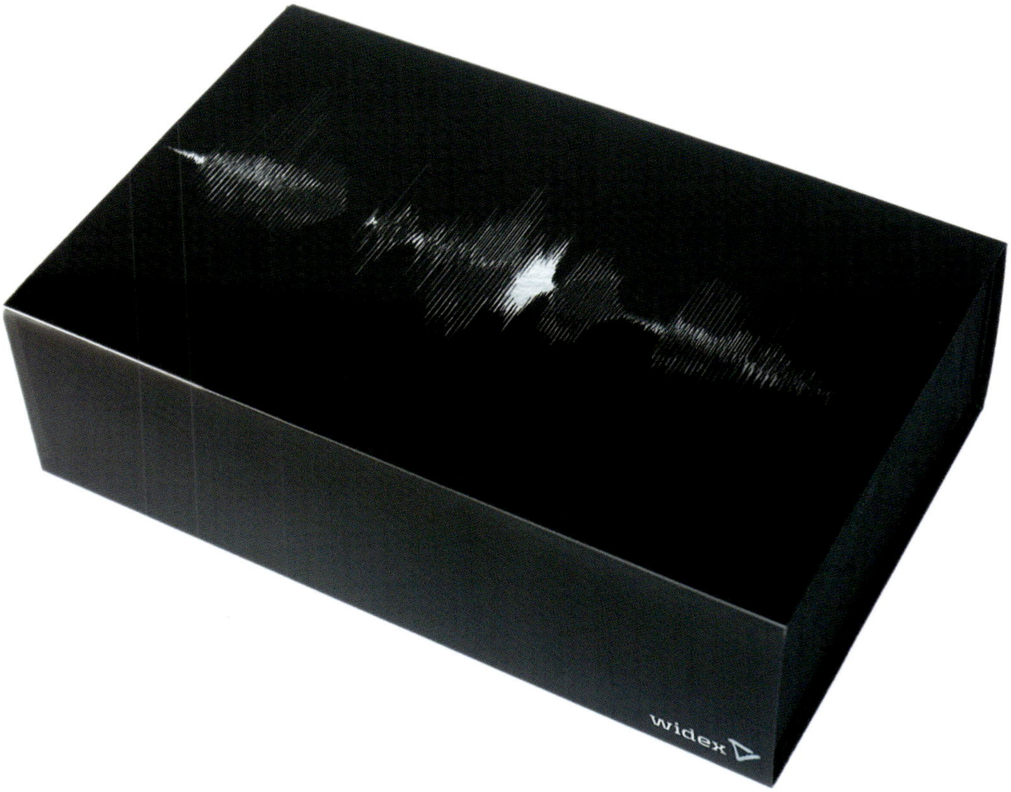

« p.30

CLIENT_FREIXENET S.A.
Barcelona, Spain
www.freixenet.es
DESIGNED BY_HUMANA Cultura en Comunicación
Barcelona & Madrid, Spain
www.humanacultura.com

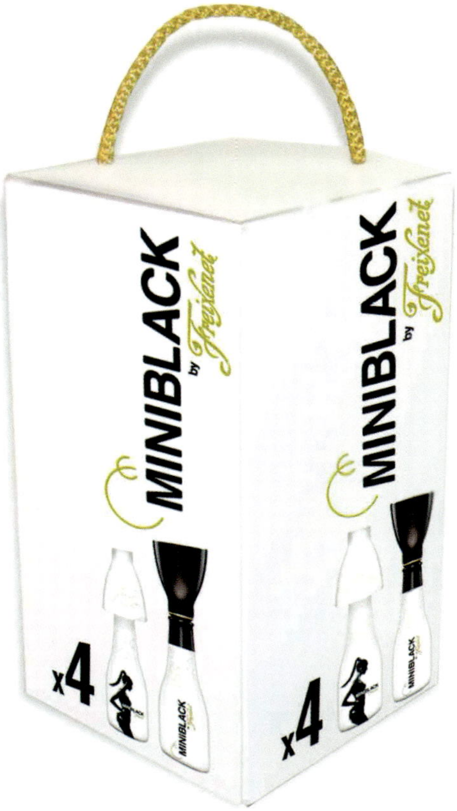

ALICE CHOCOLATE

CLIENT_ALICE CHOCOLATE
DESIGNED BY_ALICE CHOCOLATE
New York, USA
www.alicechocolate.com

A key decision was that like a Patek Philippe watch, everything had to be crafted in Switzerland. Which includes the package manufacture, the mould, and of course, the actual chocolate making. For the packaging, the objective was to reinvent the giving and carrying of chocolate and to create an elegant protocol of sociability and sharing with a patent, iconic sliding case. It is made to order by the Swiss based packaging specialist, Glanzmann AG, a family owned business in continuous operation since 1908. The final solution has received great feedback from chocolate lovers around the world and and has been awarded with the PENTAWARD 07 for Luxury Packaging.

Un requisito clave fue que todo tenía que estar hecho en Suiza, como un reloj Patek Philippe: desde el envoltorio hasta el molde, pasando, por supuesto, por la fabricación misma del chocolate. Para el envoltorio, el objetivo consistió en reinventar la forma de presentar y contener el chocolate, así como crear un elegante protocolo de sociabilidad y de participación mediante una práctica y simbólica caja deslizable. De su fabricación se encargó Glanzmann AG, una empresa suiza familiar especialista en embalajes que funciona desde 1908. La solución final recibió una gran acogida por parte de los amantes del chocolate de todo el mundo y el PENTAWARD 07 al mejor envase de lujo.

ALICE
SWISS
CHOCOLATE

CLIENT_Gü Chocolate Puds
DESIGNED BY_Big Fish®
London, UK
www.bigfish.co.uk

Big Fish created Gü as a chocolate brand that was all about extreme indulgence to the point of decadence. When it came to developing "the world's most indulgent ice cream", they decided that they had to go the extra mile and design a structure that showed how precious and special the ingredients inside it were. This kind of box would traditionally be used to protect something fragile and of high value. You wouldn't expect to find it on the shelf of a supermarket in the ice-cream department. The pack not only shouted I'M PRECIOUS! But it also functioned well as it prevented the ice cream from melting on the way home. With this project, Big Fish won a DESIGN WEEK AWARD for best branded packaging.

Big Fish creó Gü como una marca de chocolate centrada completamente en un concepto de placer extremo. Cuando se enfrentaron al proyecto "la imagen del más exquisito del mundo", decidieron que tenían que ir un poco más allá y diseñar una estructura que hablase de las bondades de sus ingredientes. Este tipo de caja debería utilizarse normalmente para proteger un objeto frágil y de enorme valor: nadie se esperaría encontrar una caja de estas característica en un estante de la sección de helados de un supermercado. El paquete no sólo expresaba una idea de contener algo valioso, sino que también impedía que el helado se derritiese de camino a casa. Con este proyecto, Big Fish ganó un premio DESIGN WEEK AWARD al mejor diseño de envases y embalajes de marca.

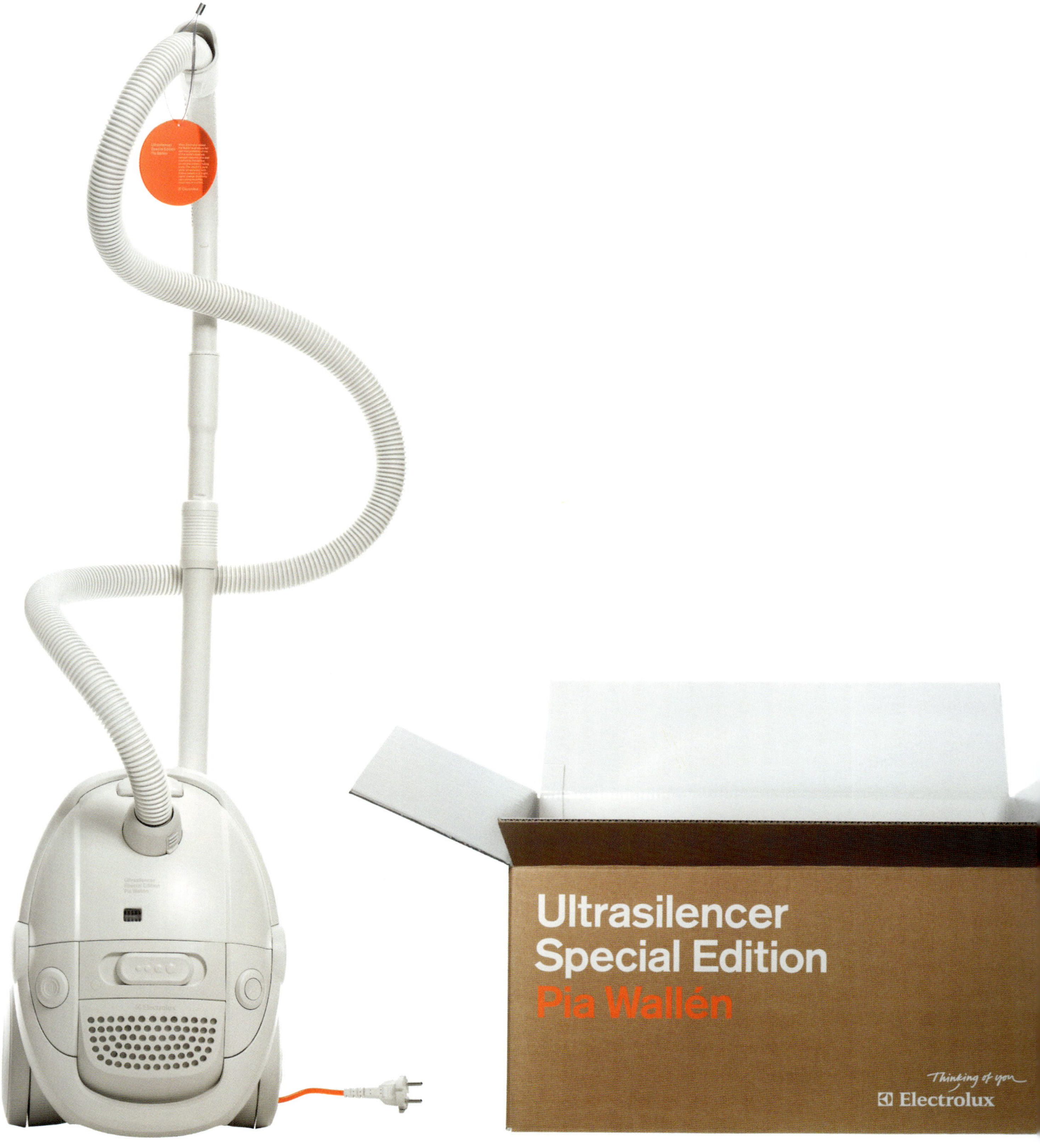
Ultrasilencer
Special Edition
Pia Wallén
Thinking of you
Electrolux

CLIENT_Electrolux Floor Care & Light Appliances
DESIGNED BY_BVD Blidholm Vagnemark Design®
Stockholm, Sweden
www.bvd.se

"The Ultrasilencer Special Edition Pia Wallén", one of the world's quietest vacuumcleaners, has now been introduced. The designer Pia Wallén was inspired by, among other things, silently falling snow, and the result is a completely white vacuum with accents in orange. BVD team has translated Pia Wallén's design into a graphical expression. The intention was to highlight the design and give it its own identity, name and packaging. The colours white, grey and orange were chosen in order to simplify the expression. The graphic profile has been used on the vacuumcleaner, hangtags and promotional material. The packaging that they developed has an exterior in natural cardboard and a white, glossy interior closest to the product itself. They has also designed a tote bag in recycled and new polyester that can be used later as a laundry bag and is included with the product.

Acaba de ser lanzada al mercado la "Ultrasilencer Special Edition Pia Wallén", una de las aspiradoras más silenciosas del mundo. La diseñadora Pia Wallén se inspiró, entre otras cosas, en el silencio que acompaña una nevada; el resultado es una aspiradora completamente blanca con toques naranjas. El equipo de BVD le ha dado al diseño de Pia Wallén una expresión gráfica; con ello quisieron ensalzar el diseño y otorgarle su propia identidad, su nombre y su embalaje. Para simplificar la expresión, elegieron los colores blanco, gris y naranja. El perfil gráfico aparece en la aspiradora, en las etiquetas colgantes y el material promocional. El embalaje exterior que desarrollaron es de cartón natural, mientras que el interior es blanco y brillante más en armonía con el producto mismo. Asimismo proyectaron una bolsa grande de poliéster nuevo y reciclado que puede usarse también como contenedor de ropa sucia y que está incluida en el producto.

ms men

CLIENT_Mesoestetic
DESIGNED BY_espluga+associates
Barcelona, Spain
www.espluga.net

Packaging design for the line of cosmetic products for men by MESOESTETIC. The concept behind the pack focuses on the idea of the egoism implied by using cosmetics. For this reason the entire front is covered by the word ME, forming the word MEN on the side. Seeing a single pack, we read ME and seen in line, we read MEN.

Diseño de packaging para la línea de productos de cosmética masculinos de MESOESTETIC. El concepto del pack se centra en la idea del egoísmo que la cosmética tiene implícita. Por eso las palabras ME (yo) ocupa el frontal para completarse, formando MEN, en la cara lateral. Si vemos un pack solo, leeremos ME; si lo vemos en el lineal, podremos leer MEN.

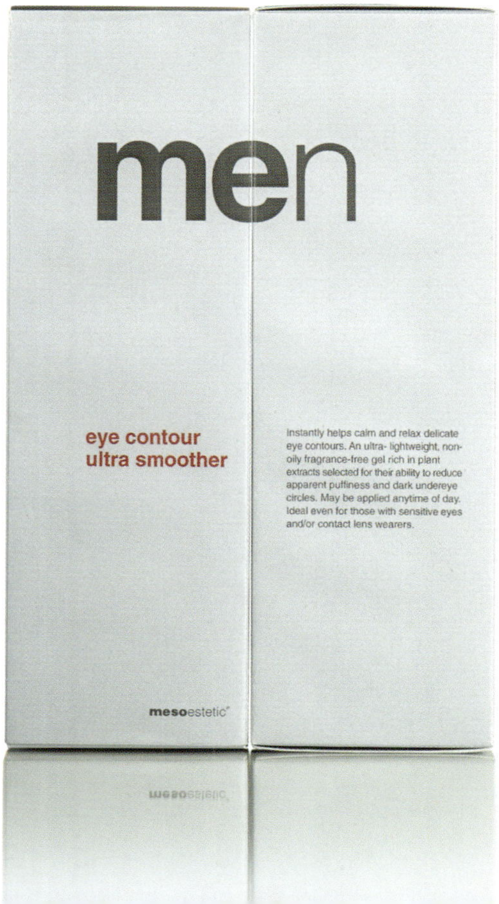

CLIENT_Montse Vicens Interiorisme
DESIGNED BY_espluga+associates
Barcelona, Spain
www.espluga.net

Naming & packaging for the corner lamp, the standard lamp specially designed to stand in the corner. The concept which led to the design of the pack for this minimalist style standard lamp was to create an image as simple and direct as the name and the idea behind the product. With this in mind the packaging has been limited to a plain box, devoid of decoration save for a label strategically placed in the corner of the same. The word "Corner" on one side and "Lamp" on the other... any more direct would quite simply be impossible.

Naming y packaging para la corner lamp, lámpara especialmente diseñada para colocar en las esquinas. El concepto que guió el diseño del pack de esta lámpara de estética minimalista fue crear una imagen tan sencilla y directa como el nombre y la idea del producto. Por esto el packaging se limita a una caja sin decoración más que una etiqueta colocada en la esquina (el corner) de la misma. La palabra "Corner" en uno de los lados y "Lamp" en el otro... más directos, imposible.

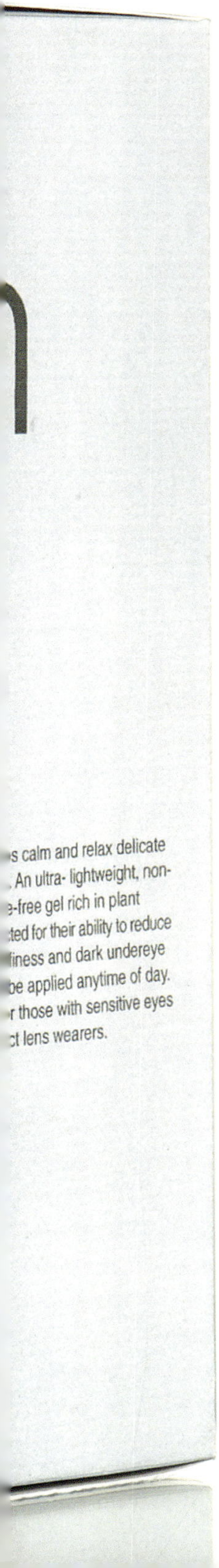

Comme des Garçons Packaging Designs

<< p.11

CLIENT_Comme des Garçons Parfums
Paris, France
www.doverstreetmarket.com
DESIGNED BY_Marc Atlan_Marc Atlan Design, Inc.
Venice, CA.USA
www.marcatlan.com

These mosaics contain many of the Comme des Garçons parfums designs and show the kaleido-scopic diversity of all their products which, nevertheless, maintain a stylistic harmony. The common denominator is the preeminence given to typography and its placement, the bold choice of concepts, and the overall level of attention given to every detail. Marketing analysis was never the basis for any stylistic decision. All the Comme des Garçons packagings reflect a deliberate desire for uniqueness.

Estos mosaicos presentan muchos de los diseños de los perfumes Comme des Garçons y muestran la variedad calidoscópica de todos sus productos, los cuales, sin embargo, mantienen una armonía estilística. El denominador común es la preeminencia concedida a la tipografía y a su colocación, la inteligente elección de los conceptos y la minuciosa atención prestada a todos los detalles. El análisis del mercado no fue nunca la base para adoptar las decisiones estilísticas. El diseño de todos los envoltorios y envases de Comme des Garçons refleja un deseo deliberado de exclusividad.

« p.12

Jason Markk

CLIENT_Jason Markk Inc.
DESIGNED BY_ Chhun Tang, Dan Nguyen & Jason M. Angsuvar
Illustrator_April Larivee_Photographer_Benson Ng
Torrance, CA. USA
www.jasonmarkk.com

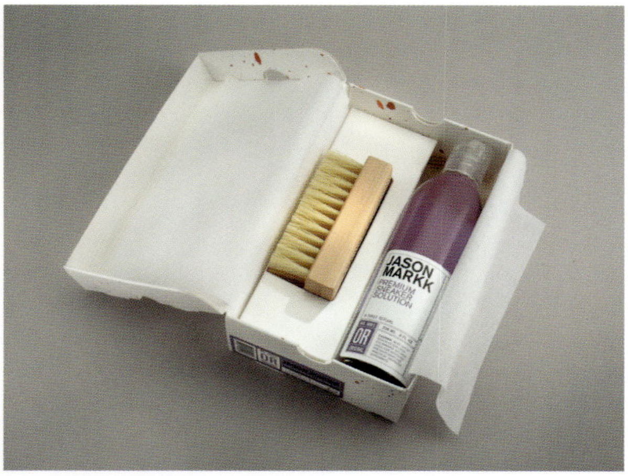

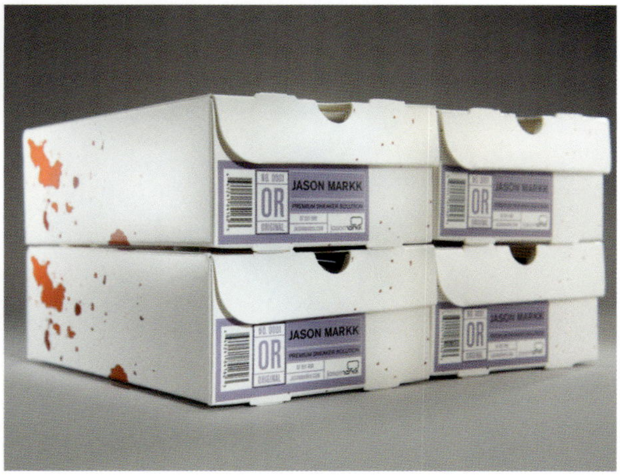

Radiance Skincare

CLIENT_Mesoestetic
DESIGNED BY_espluga+associates
Barcelona, Spain
www.espluga.net

Visual identity and packaging for radiance skincare. The pack for this line of products comes in white, is direct and simply exudes elegance. The silver stamping adds the touch of quality required by this exclusive product and the photograph of the product's action zone serves to provide the functional qualities and the desired effect of a cosmetic product.

Identidad visual y packaging para radiance skincare. El packaging de esta línea de productos respira blanco, es elegante y directo. El stamping plata aporta el punto de calidad que este producto exclusivo requiere, y la foto de la zona de acción del producto aporta la funcionalidad y la efectividad que un producto de cosmética necesita.

CLIENT_Diesel
www.diesel.com
DESIGNED BY_Marina Company
Barcelona, Spain
www.mirindacompany.com

Marina Company created a package designed to transmit the mission to be completed by the company's employees, everyone from the shop staff to the office workers and those employed in the different showrooms in Spain. The original solution was a corporate declaration written by managers and elucidated over three cards and a crystal ball.

Marina Company diseñó un packaging creado para transmitir la misión a cumplir por los empleados dentro de la compañía, desde el personal de las tiendas, hasta la gente de oficinas y los que trabajan en los diferentes showrooms de España. La solución fue una declaración corporativa escrita por los managers que se explicaba a través de tres cartas y una brújula.

Yaki

CLIENT_Carme Balada del Romero
DESIGNED BY_Eva Estudi
Barcelona, Spain
www.evaminguella.com

Carme Balada, a professional clay potter, is responsible for this ceramics collection by the name of "Yaki". The design of the collection clearly has a Japanese influence, a quality in keeping with the style of the product with its simple lines and the use of colours. The option has been to use non-conventional photography, in an oscillating movement, descriptive at the same as appealing. The pack images serve a double role: to provide information as to the content of the boxes as well as portraying the artistic nature of the pieces.

Carme Balada, ceramista especializada en barro, es la autora de esta colección de cerámica que se define con el nombre de "Yaki". La gráfica de la propuesta tiene una clara influencia japonesa, cualidad que se alinea con la estética del producto por su cromatismo y la simplicidad de sus formas. Se optó por el uso de una fotografía no convencional, en movimiento oscilante, que persigue ser sugerente a la vez que descriptiva. Las imágenes de los packs cumplen una doble función: informan acerca del contenido de las cajas y comunican la naturaleza artística de las piezas.

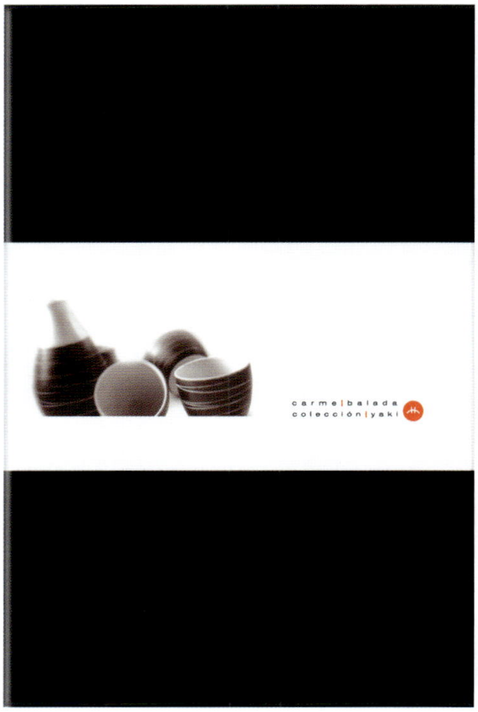

Bags & Shoe Box for Camper

CLIENT_Quico Vidal & Juana Martorell_Camper
DESIGNED BY_Marina Company
Barcelona, Spain
www.mirindacompany.com

Marina Company designed a succession of bags for the spring-summer collection of CAMPER footwear. What came first, the chicken or the egg? Or is the egg the chicken? And from where comes the cockerel? The frog or the prince? That's the eternal question. Does the chameleon eat the fly? In any case, the solution was simple and stunnig. In regard to the shoe box, she made a redesign to stylize, refine and make the existing shoe box lighter and add the declaration from the current marketing campaign.

Marina Company diseñó una serie de bolsas para una colección de primavera-verano de los zapatos CAMPER. ¿Que fué primero el huevo o la gallina? ¿O el huevo es la gallina? ¿Y de dónde salió el gallo? ¿La rana o el príncipe? La duda ahí está, es la eterna pregunta. ¿Se comerá el camaleón a la mosca?. En qualquier caso, la solución fue sencilla e impactante a la vez. Referente a la caja de zapatos de la misma marca, se realizó un rediseño para estilizar, aligerar y depurar dicha caja y añadir el "claim" de la campaña actual.

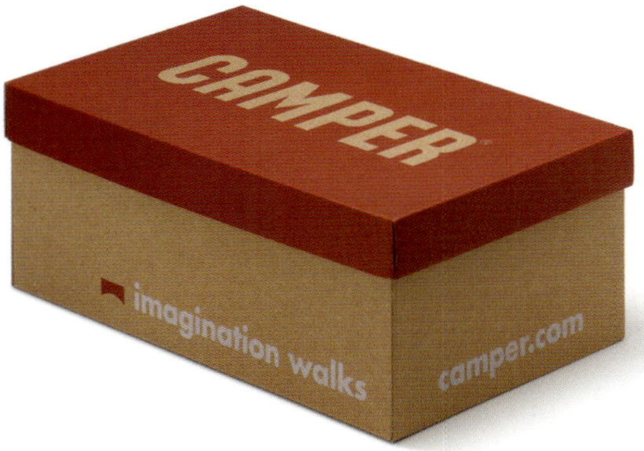

9.60

« p.44

» p.161

CLIENT_RNB laboratories
DESIGNED BY_Lavernia & Cienfuegos
Valencia, Spain
www.lavernia.com

« p.38

COMOTÚ

CLIENT_RNB laboratories
DESIGNED BY_Lavernia & Cienfuegos
Valencia, Spain
www.lavernia.com

Candy & Chips

CLIENT_Derek Stroup
CREATED BY_Derek Stroup
Photos © Derek Stroup
Brooklyn, NY. USA
www.derekstroup.com
www.amrichardfineart.com

Derek Stroup did a different and original "project" of packaging. These photos begin with candy or chips purchased from his local convenience store. He photograph them and then use Photoshop to remove all traces of language or other signs. The results are images that are simultaneously familiar and strange. Struop is curious about this moment of suspended recognition. With labels, we instantly assign these objects to their proper category in our mind. With labels removed, there is a moment of uncertainty before we see what these things are. These photographs seem like pictures of sculptures, but these are sculptures that don't actually exist in the real world but maybe, this experiment could be used for real packaging projects. Why not?

Derek Stroup realizó un "proyecto" de packaging diferente y original. El origen de estas imágenes está en las golosinas o patatas compradas en la tienda del barrio donde él vive. Las fotografía y después las trata con Photoshop para eliminar cualquier signo lingüístico o de otro tipo. El resultado de este proceso son imágenes que, aunque sean familiares, provocan extrañeza en el espectador. A Stroup le interesa ese momento de suspensión de la identificación: gracias a las etiquetas, en nuestra cabeza relacionamos de inmediato cada objeto con su categoría. Al eliminar las etiquetas, se produce un momento de incertidumbre antes de que podamos identificar el objeto. Aunque estas fotografías parezcan cuadros o esculturas, se trata de obras que no existen en el mundo real, pero quizá, este experimento podría tenerse en cuenta para proyectos reales de packaging. ¿Por qué no?

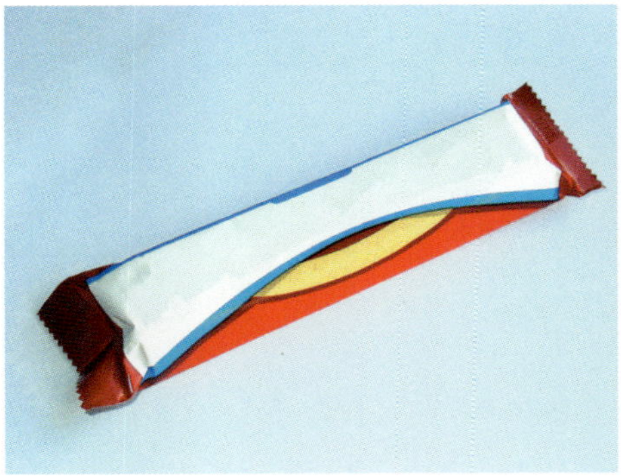

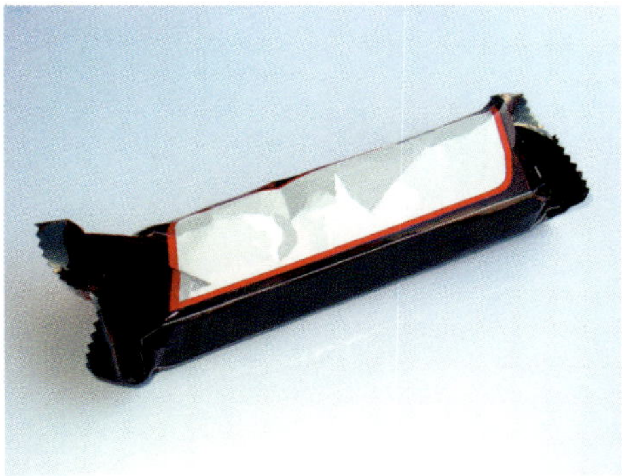

Iskilde

« p.35

CLIENT_Iskilde ApS
Skanderborg, Denmark
www.iskilde.dk
DESIGNED BY_Jesper Mathiesen_Agency: Envision
Århus C, Denmark
www.jma.mdd.dk

Kate Spade Holiday Packaging

CLIENT_Kate Spade LLC
New York, USA
www.katespade.com
DESIGNED BY_Abby Clawson Low
New York, USA
www.abbyclawsonlow.com

Kate Spade is one of the few companies that isn't afraid to celebrate Christmas. In fact, they centered their most recent advertising campaign around it. So naturally, they would have holiday packaging. The only criteria was that the design be colorful, fun, and festive and work successfully on various box sizes and shopping bags. And since the store packaging would also double as holiday gift wrap, the idea of the strings of lights "wrapping" a box or shopping bag seemed like the perfect solution.

Kate Spade es una de las pocas empresas que no temen celebrar la Navidad. De hecho, decidieron centrar su más reciente campaña publicitaria en este tema. Para ello, naturalmente, necesitaban unos paquetes y envoltorios navideños. Para este proyecto, el único criterio fue que el diseño debía ser vistoso, divertido y festivo y funcionar satisfactoriamente en los diferentes tamaños de cajas y bolsas. Además, como los paquetes y envoltorios debían funcionar también como papel para envolver regalos, la idea de las cintas de luces "envolviendo" una caja o una bolsa pareció la solución perfecta.

Lite2Go

CLIENT_Knoend LLC
DESIGNED BY_Ivy Chuang, Anila Jain & Jane Rabanal
Knoend LLC
San Francisco, CA. USA
www.knoend.com

The packaging itself becomes the shade for the light bulb and fixture contained within. It is designed to be versatile in use as either a hanging or a table lamp. The Lite2Go offers surprise and elegance in a simple, low-cost recyclable and lightweight package. Their objective in creating the product was to provide consumers a lightweight lighting solution that was environmentally friendly. They are designing and developing products, always having the next cycle in the life of a product in mind.

El embalaje mismo se convierte en la pantalla para la bombilla y en una parte integrante. Ha sido diseñada de forma versátil tanto para funcionar como lámpara colgante como de mesa. En un sencillo y económico embalaje ligero y reciclable, Lite2Go ofrece al usuario sorpresa y elegancia. Su objetivo al crear el producto fue proporcionar al consumidor una solución de iluminación de poco peso e inocuo con el medio ambiente. Ellos diseñan y desarrollan productos teniendo siempre presente el siguiente ciclo en la vida del producto.

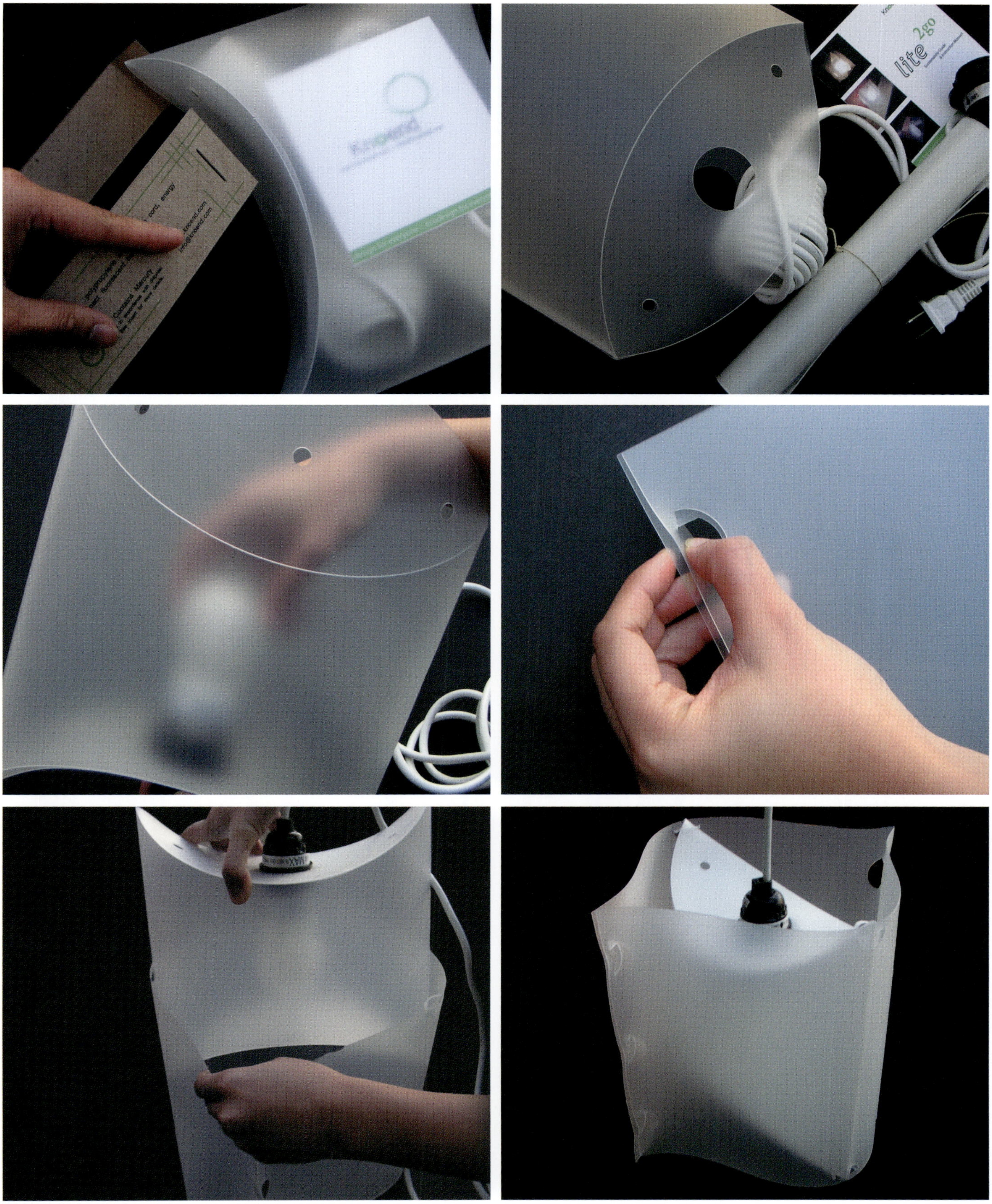

Konditor & Cook Packaging

CLIENT_Konditor & Cook
London, UK
www.konditorandcook.com
DESIGNED BY_Airside
London, USA
www.airside.co.uk

Taking inspiration from the art of cake making, "Airside" created a design for the new identity based on the swirling action of mixing ingredients together. The pattern is such that it can be used in part or whole, as needed, and also sits as a background to the logo itself. Accordingly, icing and cake decoration colours influence the colour palette. Several colour combinations were designed, which although very varied, sit comfortably together giving the new identity a bold and sophisticated new identity.

Inspirándose en el arte de la pastelería, el estudio "Airside" creó un diseño para la nueva identidad basado en el torbellino que se forma al mezclar los ingredientes. El modelo puede usarse en parte o totalmente, según las necesidades, además de ser un de fondo para el mismo logotipo. Por tanto, los colores decorativos de los pasteles y los baños influyen en la paleta cromática. Se diseñaron diferentes combinaciones de color, las cuales, aun siendo muy variadas, armonizaron sin problemas otorgando a la nueva identidad una imagen atrevida y sofisticada.

<< p.31

Codizia

CLIENT_RNB laboratories
DESIGNED BY_Lavernia & Cienfuegos
Valencia, Spain
www.lavernia.com

Happy Pills

« p.37

CLIENT_Domingo Ojeda, IBC
DESIGNED BY_m Barcelona
Marion Dönneweg, Mireia Roda & Merche Alcalá
Barcelona, Spain
www.m-m.es

happy pills

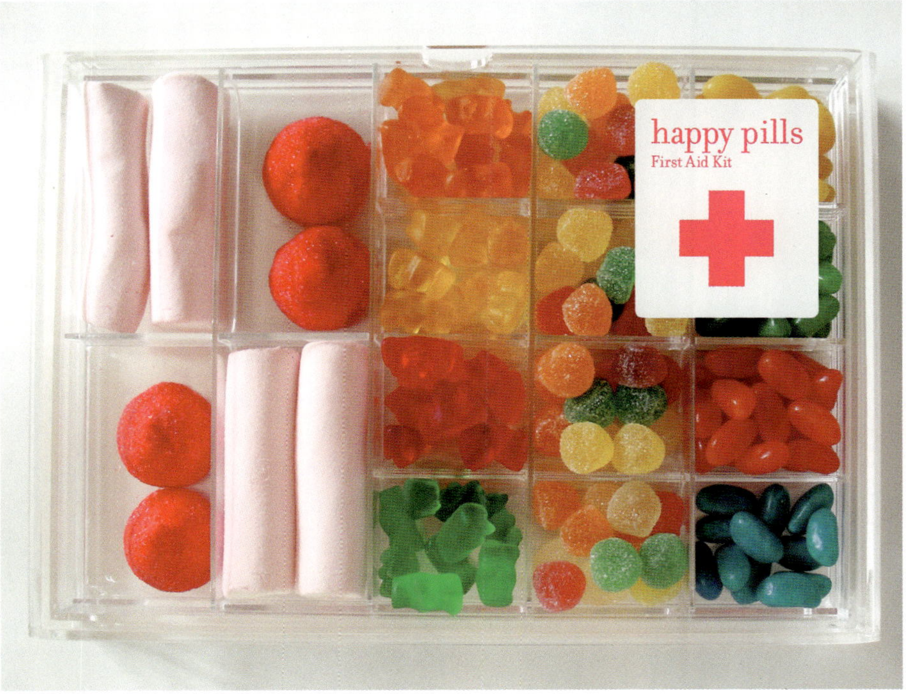
happy pills
First Aid Kit

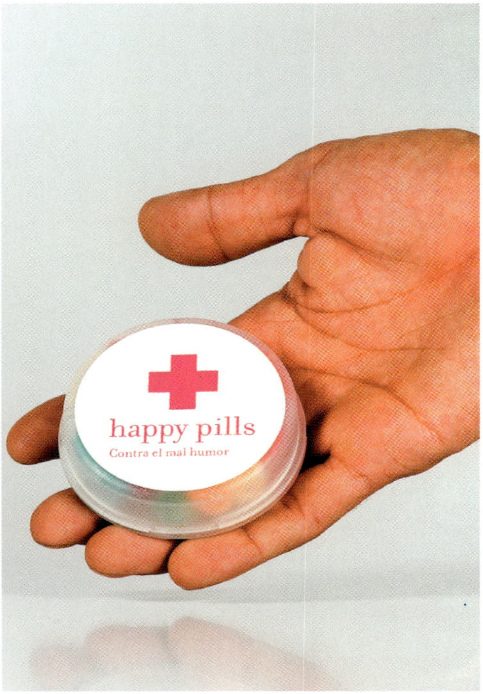
happy pills
Contra el mal humor

Waitrose Cheeses

CLIENT_Waitrose
DESIGNED BY_Lewis Moberly
London, UK
www.lewismoberly.com

To bring together through design a large range of cheeses from different countries under the Waitrose brand. The cheeses are diverse in shape and flavour. The objective was to emphasise particular provenance and flavours and to be bold and engaging. A bold, copy led approach describes each cheese. A simple colour tint map clearly flags country of origin and a deeper spot indicates more precisely where the cheese is made. As freestanding shapes the countries can sit comfortably on each particular cheese format.

A través del diseño se ha conseguido reunir una amplia variedad de quesos procedentes de varios países del mundo bajo la marca Waitrose. Los quesos presentan formas y sabores diferentes. El objetivo consistió en poner de relieve la procedencia y los gustos y, ser atrevido y atractivo. En la descripción de cada uno de los quesos se empleó un atrevido acercamiento "copy led". Después se empleó un único color para delimitar el país de origen y un mancha más intensa para precisar aún más el lugar en donde se elabora el queso en cuestión. Al ser formas autónomas, los países encajan sin problemas en cada formato particular de su propio queso.

>> p.140

CLIENT_Naturapoteket
DESIGNED BY_BVD Blidholm Vagnemark Design®
Stockholm, Sweden
www.bvd.se

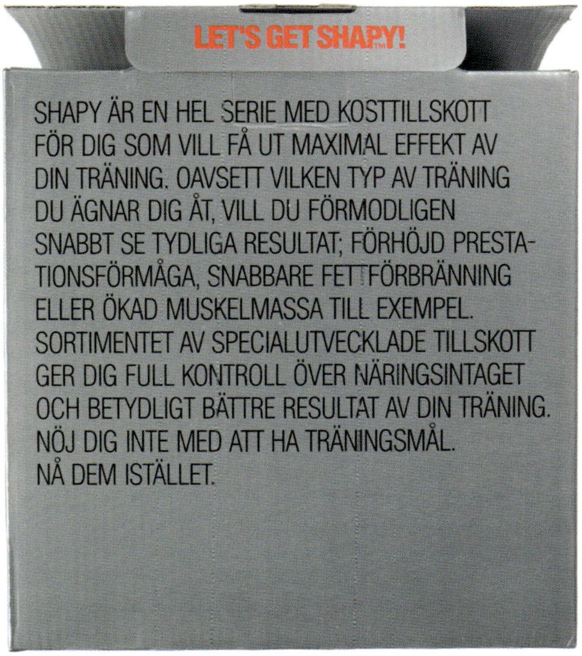

Walter Package

CLIENT_André Schmidt
DESIGNED BY_ Joseph Magliaro
Jianwai Soho, China
www.still-leven.com

Walter is an 80cm tall inflatable replica of the Berlin TV Tower designed by OMA architect André Schmidt. For the product packaging (20x20x3 cm), an opaque metallic wrapping was chosen for its ability to draw attention to the package on the shelf, and to create a visual pun related to the phallic nature of the object's form. The product illustration and typography are silk screened to produce a solid, rich black that contrasts the silver wrapping.

Walter es una réplica hinchable de 80 cm de la Torre de TV de Berlín proyectada por el arquitecto André Schmidt del estudio OMA. Para el embalaje del producto (20x20x3 cm), se eligió un envoltorio metálico opaco por su capacidad para atraer la atención sobre sí mismo y crear un juego visual relacionado con la naturaleza fálica de la forma del objeto. La ilustración y la tipografía del producto están serigrafiadas para crear un negro intenso y uniforme que contraste con el envoltorio plateado.

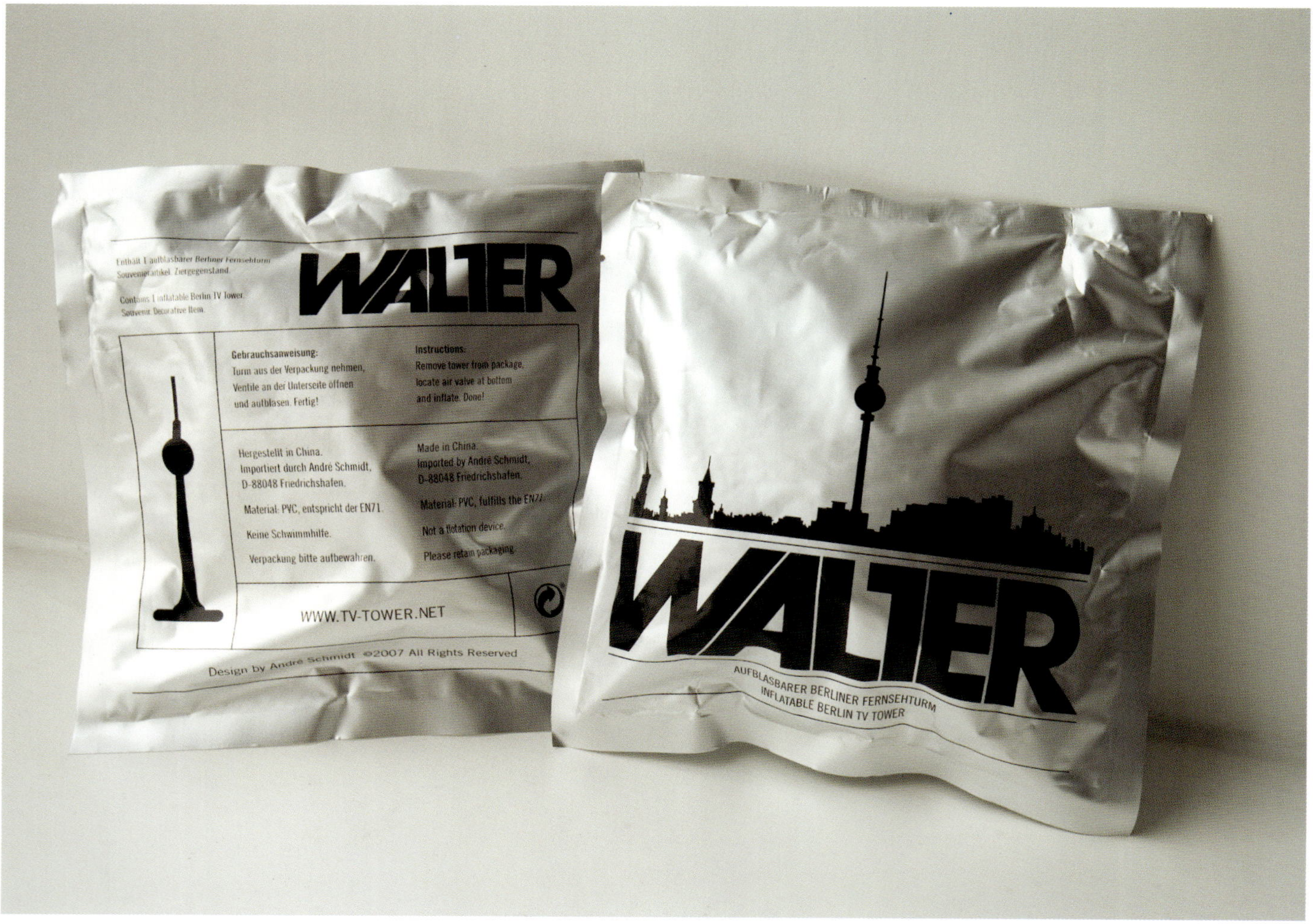

>> p.165

Selfridges & Co Brand Packaging

CLIENT_Selfridges & Co
DESIGNED BY_Dave Richmond_R Design
London, UK
www.r-design.co.uk

Comme des Garçons Samples & Gifts

CLIENT_Comme des Garçons Parfums
Paris, France
www.doverstreetmarket.com
DESIGNED BY_Marc Atlan_Marc Atlan Design, Inc.
Venice, CA.USA
www.marcatlan.com

To present an off-beat version of the classic perfume gift pack, Comme des Garçons' industrial treatment of fragrance packaging and innovative vacuum-packing was taken to a new level. In their special samples set, oversized plastic wrap incongruously dwarfs the small perfume vials, which are nestled into a copper printed sheet. Precious metallic colors create a contrast to the functional and technological aspect of these unpretentious arrangements. The huge fonts printed on the background of the candle and eau de parfum gift pack become distorted and semi-obscured by the randomly placed encapsulated objects. To underscore the gifts' one-of-a-kind nature, the shrunken plastic crumbles each metallic mini-poster into a unique and singular shape.

Para presentar una versión poco convencional del clásico paquete-regalo de perfume, se llevó a un nuevo nivel el embalaje de perfumes de tratamiento industrial y el innovador envasado al vacío de Comme des Garçons. En su muestrario especial, un sobredimensionado envoltorio de plástico eclipsa incongruentemente los pequeños frascos de perfume, que se alojan en una hoja impresa de cobre. Los colores metálicos contrastan con el aspecto funcional y tecnológico de estas sencillas combinaciones. Los objetos encapsulados se han colocado al azar distorsionan y ocultan parcialmente los enormes caracteres tipográficos impresos en el fondo de la vela y de la caja-regalo del agua de perfume. Para subrayar el carácter único de los regalos, el reducido plástico da a cada mini-cartel metálico una forma única y singular.

CLIENT_Es Gibt
DESIGNED BY_ Joseph Magliaro
Jianwai Soho, China
www.still-leven.com

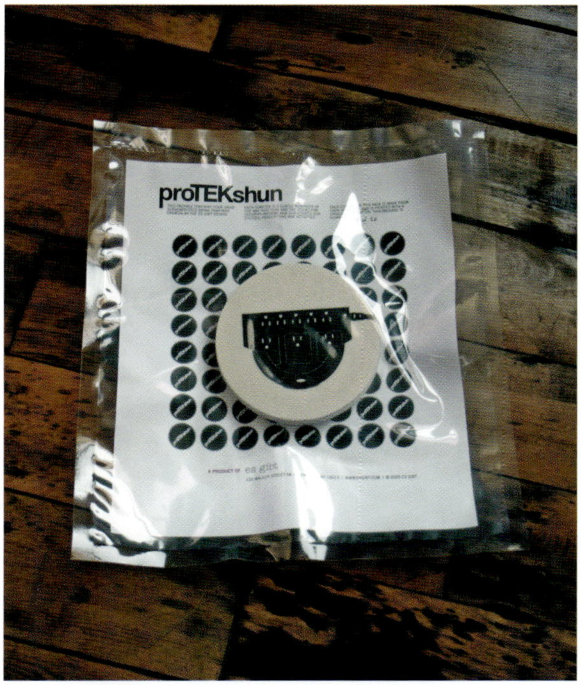

Joseph Magliaro created "The Protekshun" coaster set, a total of 16 unique illustrations in the series, each one representing a system or object that purports to protect us from the many dangers that we are constantly told through advertising, news media, government spokes people, etc. threaten us. Felt discs were chosen as the support for this project because they can double as drink coasters, an item of everyday life that we use to assuage our fears of ruining our valuable furnishings. Each package was individually vacuum-sealed with the aid of a small, inexpensive home sealer normally used to preserve food. This method was chosen to further stress how ubiquitous the idea of "protection" is in our daily lives.

Joseph Magliaro creó "The Protekshun" un set de 16 ilustraciones únicas en las que se representa un sistema u objeto que da a entender que nos protege de los distintos peligros que nos amenazan y de los que normalmente hablamos a través de los anuncios, las noticias, de lo que el gobierno nos cuenta, etc. Como soporte se eligieron unos discos de fieltro porque también podían usarse como posavasos, un artículo cotidiano que se suele usar para impedir que se estropeen los muebles. Cada paquete fue envasado al vacío con la ayuda de un precintador económico y pequeño empleado normalmente para conservar la comida. Se eligió este método para hacer hincapié en la omnipresencia de la idea de "protección" en nuestras vidas diarias.

Natcha

CLIENT_Cake shop Natcha
DESIGNED BY_Estudio Rosa Lázaro
Barcelona, Spain
www.rlazaro.com

Identity and graphics for a cake shop. Packaging and uniforms used on the shop premises. The chocolate boxes come in all different sizes and always with lots of trays. Each chocolate tray contains a different type of chocolate. This design has been developed to meet the customer's need to make a quick sale. Option1: a large variety of combinations of boxes already prepared and displayed for sale. Option2: a box personally made up to the customer's liking. With these small trays ready the customer is able to make the selection of their choice and their own combination. This product arrangement promotes an understanding of the same when it comes to making the sale and completing the customer's briefing.

Identidad y sistema gráfico para una pastelería. Aplicación al espacio comercial, envases y uniformes. Las cajas de bombones tienen diferentes medidas y siempre son múltiplos de la cubeta base. Cada cubeta base contiene un único tipo de bombón. Este diseño se desarrolla a partir de la necesidad del cliente de poder realizar una venta rápida. Opción1: gran variedad de combinaciones de cajas ya preparadas y expuestas a la venta. Opción2: customización de una caja a petición del cliente. Al tener estas pequeñas cubetas preparadas el cliente puede seleccionar a su gusto y hacer su propia combinación. Esta ordenación de producto facilita el entendimiento del mismo en el momento de la venta cumpliendo así el breafing del cliente.

Natcha
deliciosos
bombons de xocolata
negra, blanca, amb llet, com-
binats amb trufa, ametlles,
avellanes, nous, panses, vai-
nilla, cafè, praliné, menta i
fruites com la taronja
o la guinda

Natcha

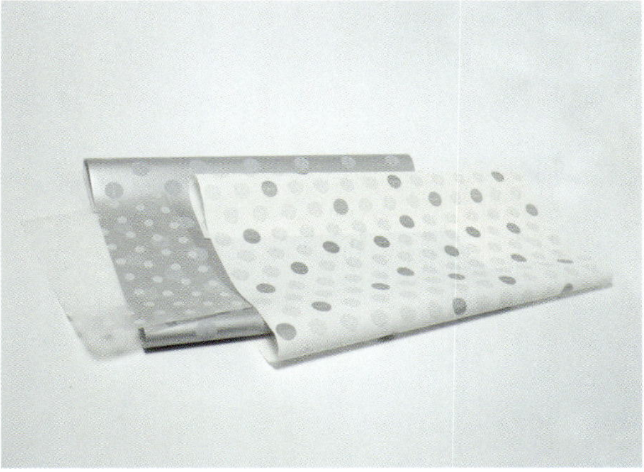

Natcha
Natcha

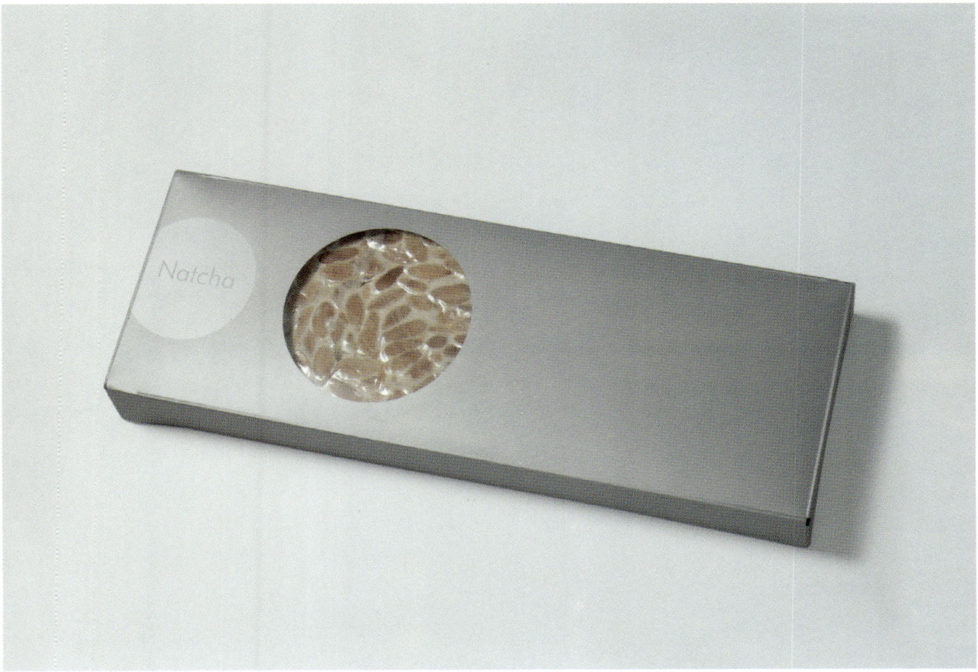
Natcha

Homebase BBQ's

CLIENT_ Homebase Stores Limited
DESIGNED BY_Turner Duckworth
London, UK & San FRancisco, CA. USA
www.turnerduckworth.com

Homebase, a DIY retailer, traditionally packaged their BBQ's in brown card outers with no imagery or information graphics and piled high next to display models, finding the one you wanted was no mean feat. The solution was to create some in-store theatre with fully printed boxes featuring larger than life, mouth wateringly delicious images of BBQ'd food. As well as making you immediately crave a BBQ, the images also helped to find the chosen model, as the on pack images were also used for Point Of Sale. So all you needed to look for was the red onion, the corn on the cob, the sausage, the burger, etc. The disposable BBQ's were given a fun simple treatment of mustard and ketchup squiggles and the firelighters feature red hot chilli peppers –a perfect combination of fieriness!

Homebase, un minorista de bricolaje, tradicionalmente embalaba su BBQ con cartón marrón por el exterior sin imágenes ni información gráfica y lo apilaba cerca de los modelos expuestos, por lo que encontrar el modelo deseado era una tarea difícil. La solución final fue crear algo dentro de la tienda con cajas completamente impresas que mostrasen eternas y exquisitas imágenes de la comida de BBQ que abren realmente el apetito. Además de hacernos desear un BBQ, las imágenes ayudan a encontrar el modelo deseado, ya que las imágenes del embalaje también se usaron en el Punto de Venta. Lo único que tiene que buscar el cliente es la cebolla roja, el maíz, las salchichas, las hamburguesas, etc. Las BBQ disponibles fueron decoradas sencilla y divertidamente con garabatos de mostaza y salsa de tomate y las pastillas mostraban imágenes de guindillas: una perfecta combinación de fogosidad.

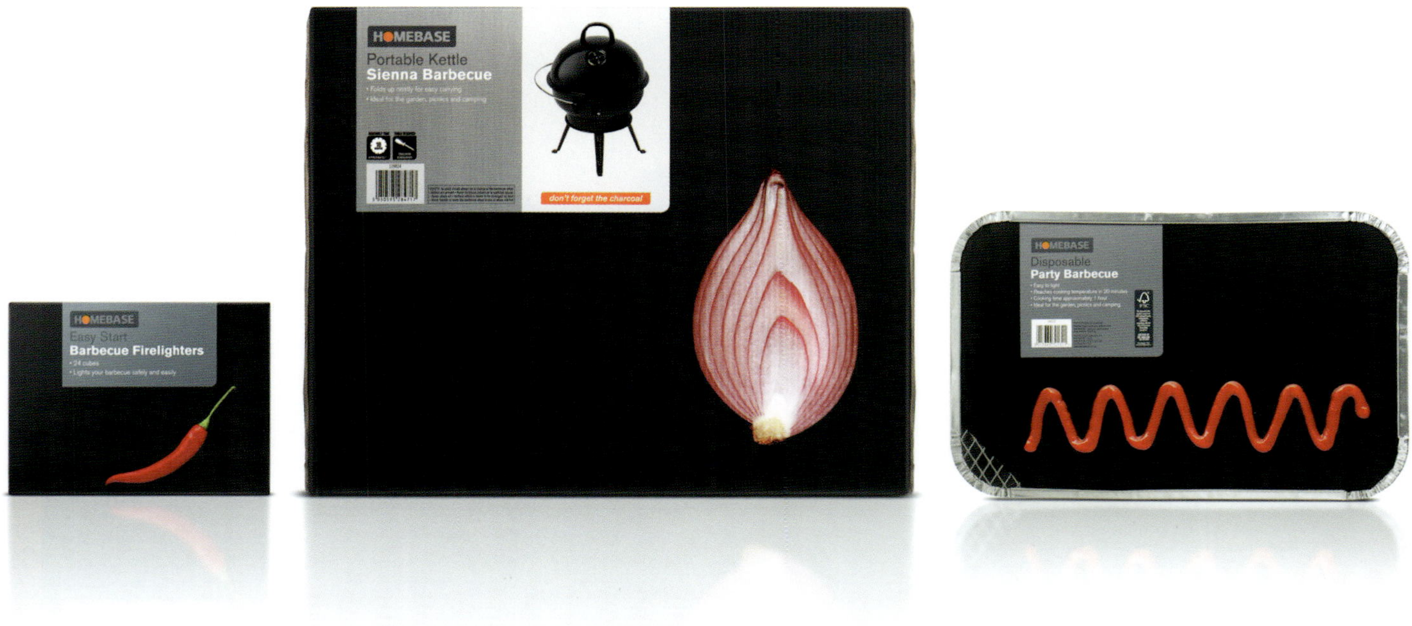

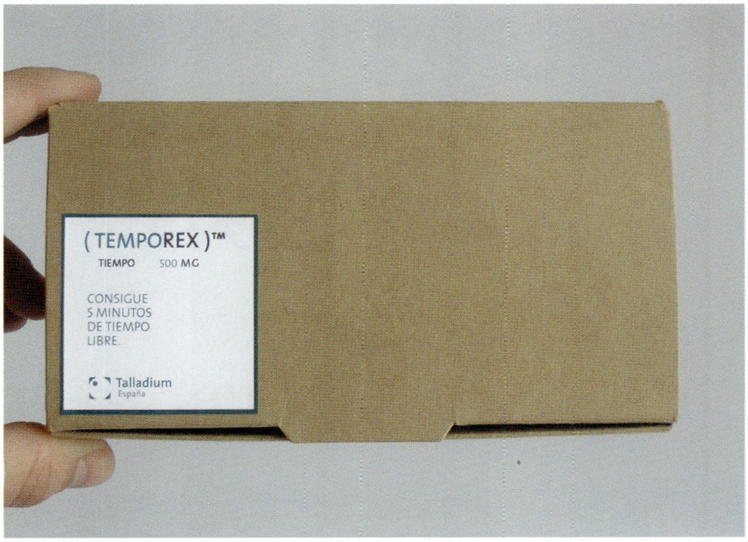

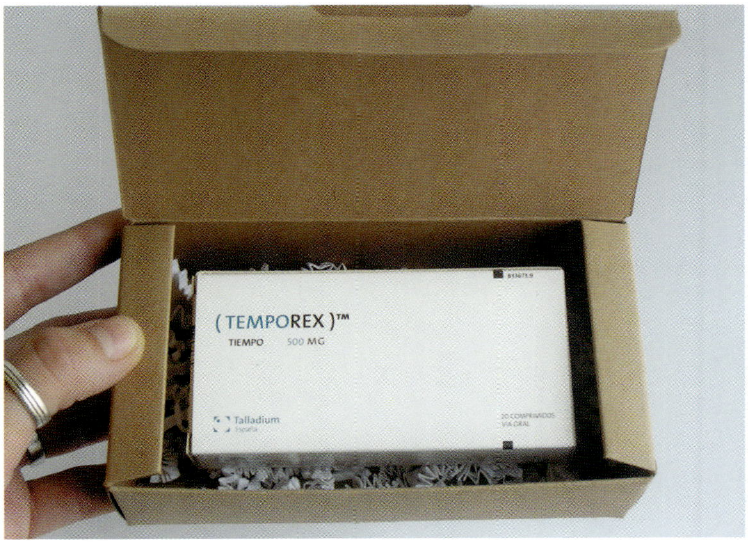

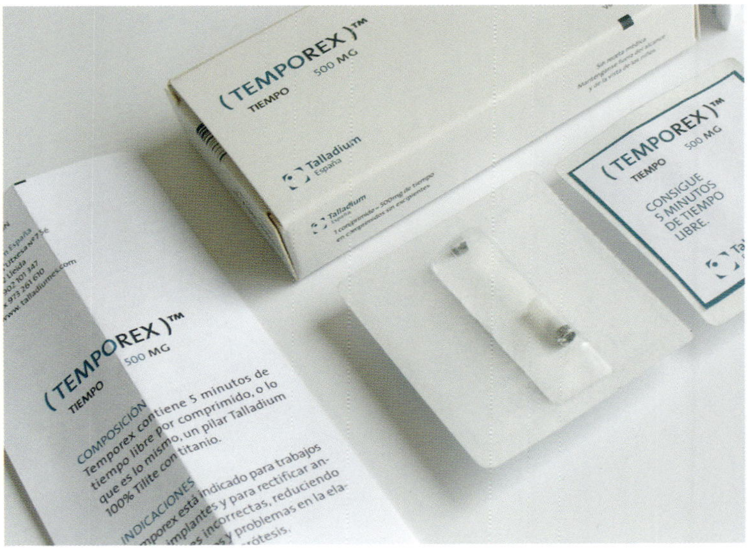

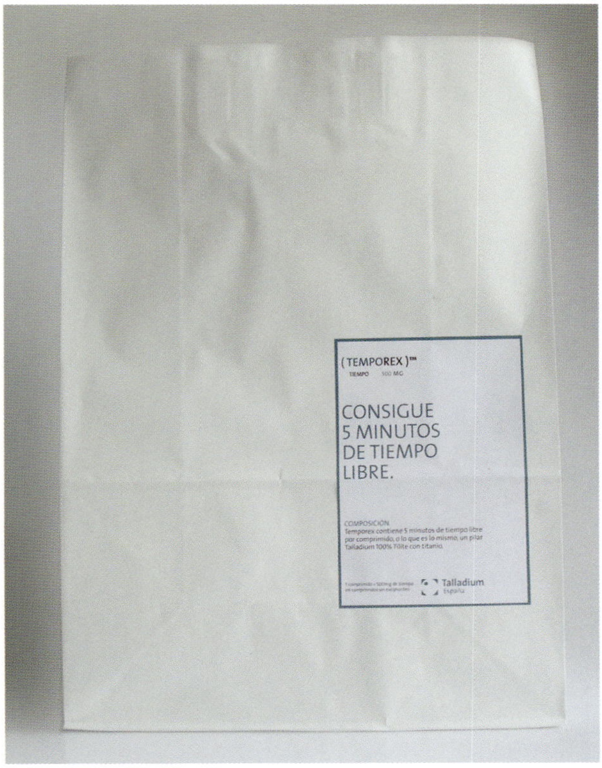

CLIENT_Talladium España
DESIGNED BY_Oxigen comunicació gràfica
Barcelona, Spain
www.oxigen.es

They now have a new product on the market: mechanised brackets. OXIGEN studio team decided to create an evocative name which encompassed the benefits of orthodontics or dental braces (low cost and rapid insertion). This is where the name "Temporex" came from, giving it the impression of being equivalent to 5 minutes time. The packaging was designed to resemble that of medicines: a blister pack was created for the pieces (brackets) and an explanatory and entertaining leaflet was designed and presented with a double set. The blister pack and the leaflet were inside the final pack, graphically based on a medicine pack. This promotion was offered to customers at trade shows and, as an attention-grabber, handed out inside a bag with an illustration of what's inside.

Se lanzaba al mercado un nuevo producto: los pilares mecanizados. El equipo de OXIGEN decidió crear un nombre sugerente que englobase los beneficios de las piezas destinadas a la ortodoncia (bajo coste y rápida inserción). De ahí surgió el naming "Temporex" dándole la simbología de ser equivalente a 5 minutos de tiempo. Se realiza el packaging jugando con el símil de los medicamentos: se crea un blister para las piezas (pilares) y se diseña un prospecto en el que se explica la pieza de manera divertida y con doble juego. El blister y el prospecto se encuentran dentro del pack final, una caja basada gráficamente en un medicamento. Esta promoción se ofrecía a modo de "gadged" a los clientes en las ferias, todo ello insertado en una bolsa de mano con la gráfica aplicada.

WHSmith own brand Art & Artist Materials

CLIENT_WHSmith
UK
www.whsmith.co.uk
DESIGNED BY_R Design
London, UK
www.r-design.co.uk

A redesign for Art and Artist Materials predominantly bought by amateur artists and students. The products included all the contents from sketchbooks, paint tubes, watercolour tins to pens and pencils. The brief was to create a compelling and inspirational solution. Because copyright issues regarding artist's work was a problem, the solution was to inspire by how one paints and draws and to convey an artists thoughts by choosing relevant artist's quotes that captured the spirit of the product. R Design achieved this by commissioning different illustrators to recreate the quotes with relevant use of materials. The result is an inspiring range of products that achieves a strong impact in store.

Este proyecto es un rediseño del packaging de unos artículos de arte que son comprados principalmente por artistas amateur y estudiantes. Los productos incluyen todos los contenidos desde cuadernos de bocetos, tubos de pinturas y acuarelas a bolígrafos y lápices. El encargo consistió en crear una solución convincente e inspiradora. Como los temas de copyright relativos al trabajo del artista eran un problema, la solución encontró inspiración en el trabajo de pintar y dibujar y en encaminar los pensamientos del artista eligiendo citas relevantes de artistas que captasen el espíritu del producto. Para lograr el objetivo, R Design contactó con varios ilustradores para que recreasen las citas usando de forma pertinentes los materiales. El resultado es una atractiva gama de productos con un fuerte impacto en la tienda.

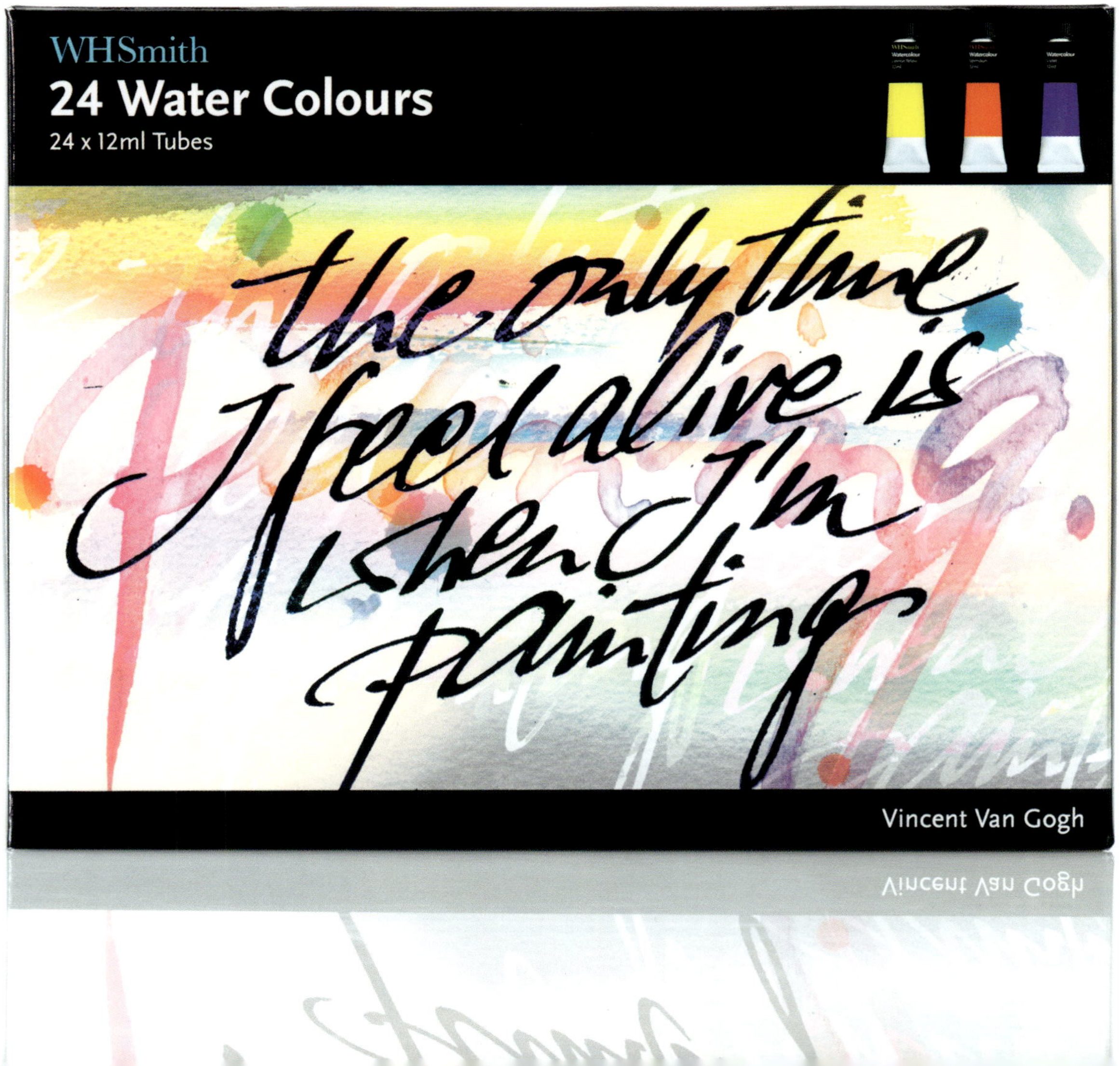

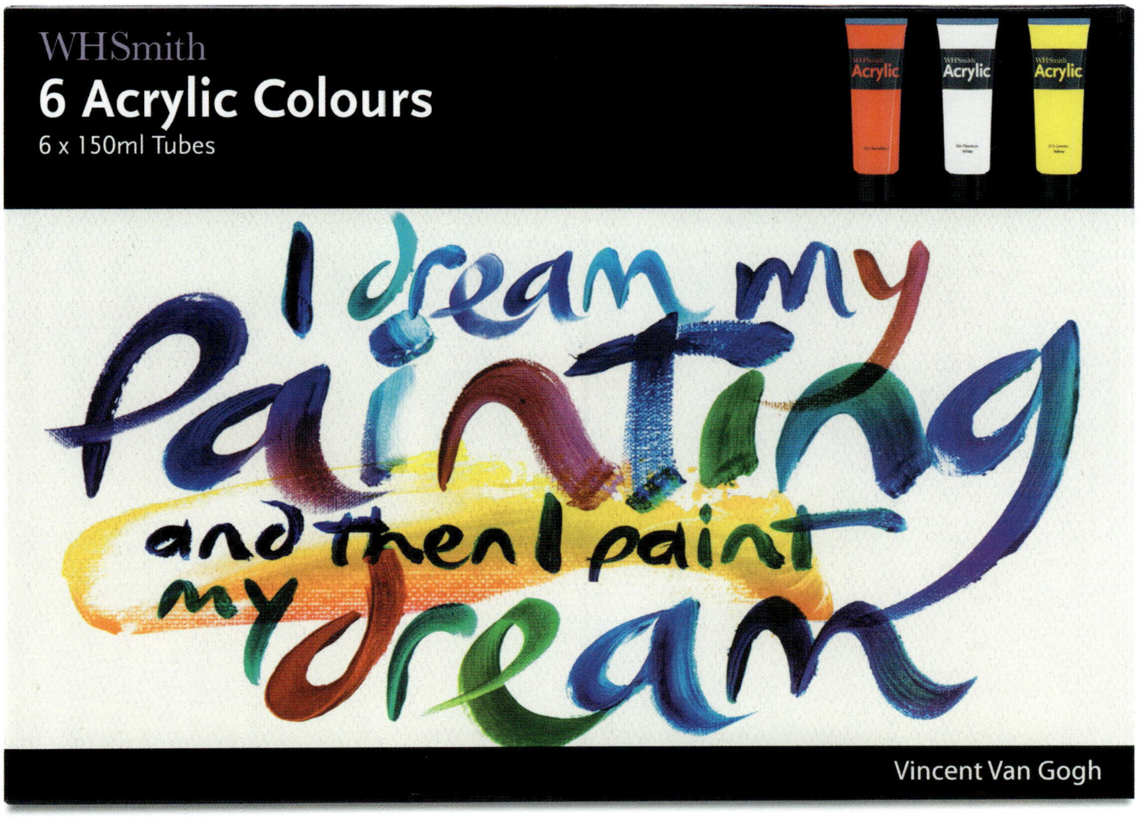
WHSmith
6 Acrylic Colours
6 x 150ml Tubes
Acrylic
Acrylic
Acrylic
I dream my painting and then I paint my dream
Vincent Van Gogh

WHSmith
60 Assorted Pencils
12 x Artist Coloured Pencils, 12 x Artist Drawing Pencils, 12 x Water Colour Pencils,
12 x Charcoal Pencils, 12 x Metallic Coloured Pencils
Inside you there is AN artist YOU don't KNOW ABOUT
Auguste Rodin

Cookies

CLIENT_Waitrose Ltd
DESIGNED BY_Turner Duckworth
London, UK & San Francisco, CA. USA
www.turnerduckworth.com

The brief from Waitrose was to create clarity of choice for consumers within their own brand biscuit range. The biscuit category was becoming increasingly difficult to shop, as product had been refreshed on an ad hoc basis, which, in turn had created a fragmented range in store. The Cookie design needed a premium edge versus the everyday range of biscuits (custard creams, digestives, etc.) but not so special that consumers would feel that they were only for Sunday afternoons. The final solution uses ingredient colour coded mugs and product titles as well as close up photography to communicate yumminess, all set off by the dark backgrounds. Just right for coffee and a chat with the girls!

La línea directriz de Waitrose para este encargo fue ayudar a elegir con claridad a los consumidores entre los diferentes productos de la línea de pastelería de la marca. La categoría de pastelería estaba planteando dificultades crecientes de venta, por lo que el producto fue actualizado a partir de una base pensada a propósito para el caso, que, a su vez, había creado una línea fragmentada en el mercado. El diseño de la galleta necesitaba ser realzado con respecto a la línea de pastelería diaria (crema de natillas, digestivas, etc.), aunque no excesivamente para evitar que los consumidores pensaran que sólo podían saborear este producto las tardes de domingo. La solución usa tarros con códigos de color de ingrediente y títulos de producto, así como fotografías en primer plano para comunicar cosas ricas, todo ello resaltado por unos fondos oscuros. ¡Ideal para el café y para una charla con las amigas!

CLIENT_Waitrose Ltd
DESIGNED BY_Turner Duckworth
London, UK & San Francisco, CA. USA
www.turnerduckworth.com

The brief was a Re-design of Waitrose's traditional dried vine fruit range most commonly used for baking and cooking. From Turner Duckworth inspiration for the range came from the realisation that these products were true store cupboard staples and so the design uses a line illustration of a kilner jar, which frames the window area of the pack.

El encargo era el rediseño de la tradicional línea de uva pasa de Waitrose usada habitualmente para hacer pasteles o cocinar. Desde Turner Duckworth se inspiraron en el hecho de que estos productos eran un verdadero alimento básico en el almacén de las tiendas y de ahí que en el diseño se usaran una ilustración de línea de un tarro kilner, que enmarcara el frontal del envase.

Catalogue 2 in 1

CLIENT_Talladium España
DESIGNED BY_Oxigen comunicació gràfica
Barcelona, Spain
www.oxigen.es

A product catalogue for "Talladium" had 2 specific objectives to meet: to incorporate two different types of products but above all, to be loose leaf as a means of being able to add more products as the range expanded. The design was based upon a structure whereby part of the catalogue was fixed and the other loose leaf. The cover, being the fixed part, was created with die cuts and folds, for easy reading, and the loose leaf part consists of the product leaflets, which can be added or removed accordingly. The entire arrangement is closed with elastic bands which makes the whole thing viable. The catalogue can be opened and viewed in two different ways, all together (one set of products to the right and the other to the left) or separately (one set above the other), always with the same support.

El catálogo de producto para "Talladium" debía cumplir con 2 objetivos: incluir 2 tipos de productos diferenciados y sobretodo, ser móvil, esto significa que se pudieran incorporar más productos a medida que la gama crecía. Se desarrolló una estructura compuesta por una parte fija y otra móvil. La cubierta, como parte fija, realizada mediante troqueles y pliegues, que facilita la lectura; y la parte móvil compuesta por las fichas de productos, que se pueden quitar o añadir. Toda esta estructura, se cierra mediante unas gomas que hacen que todo el juego funcione. El catálogo se puede abrir y ver de dos maneras, todo junto (quedando una pala de productos a la derecha y otra a la izquierda) o por separado (una pala encima de la otra), siempre bajo el mismo soporte.

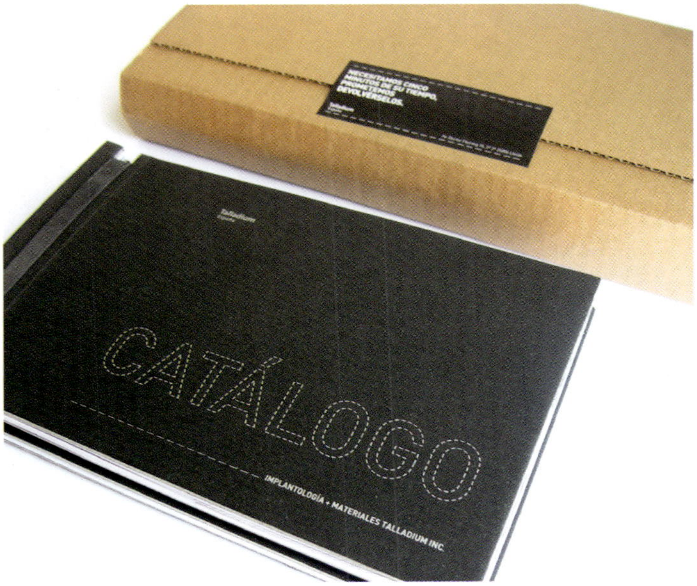

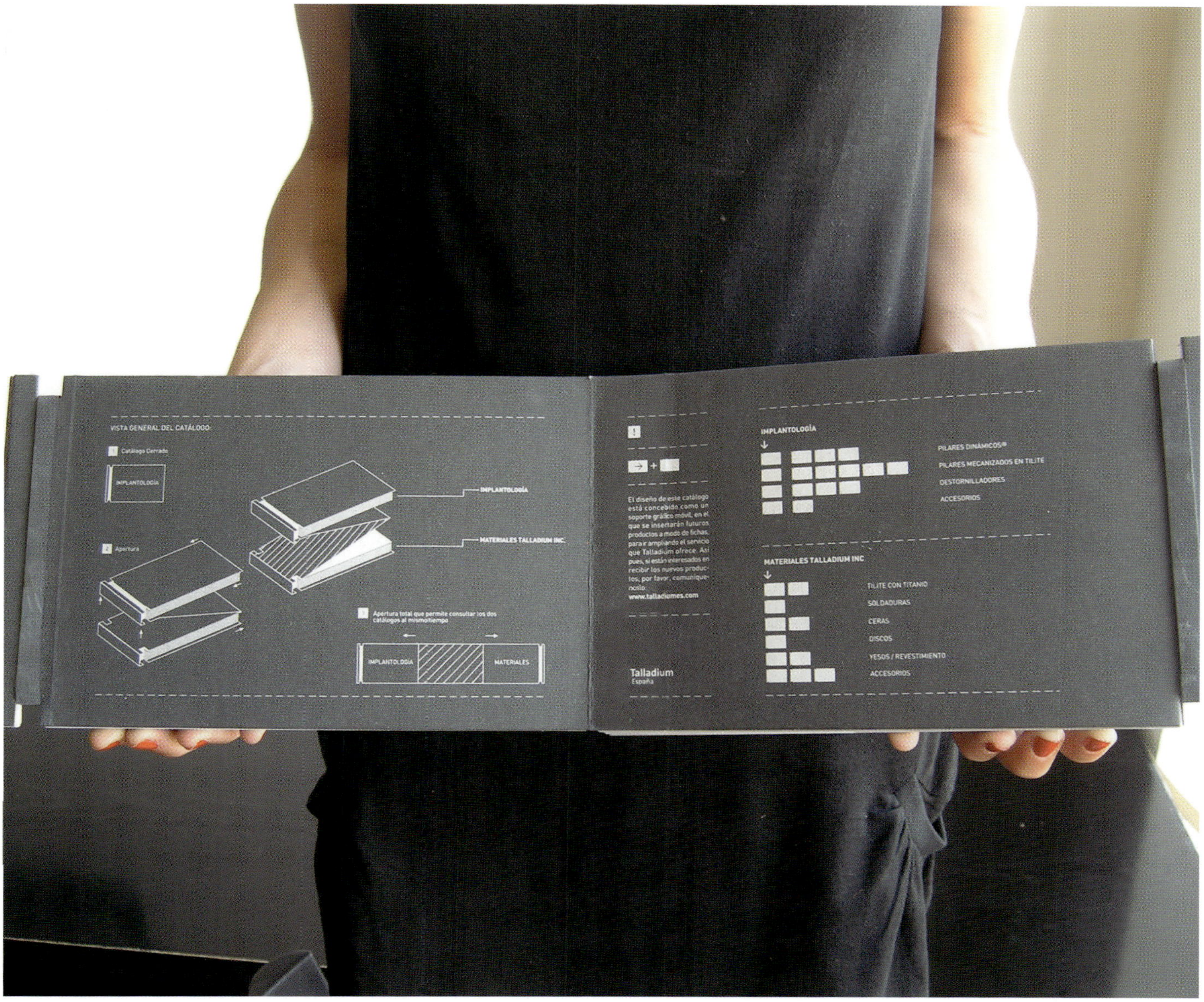

VISTA GENERAL DEL CATÁLOGO:
1 Catálogo Cerrado
IMPLANTOLOGÍA
2 Apertura
IMPLANTOLOGÍA
MATERIALES TALLADIUM INC.
3 Apertura total que permite consultar los dos catálogos al mismoitiempo
IMPLANTOLOGÍA
MATERIALES
El diseño de este catálogo está concebido como un soporte gráfico móvil, en el que se insertarán futuros productos a modo de fichas, para ir ampliando el servicio que Talladium ofrece. Así pues, si están interesados en recibir los nuevos productos, por favor, comuniquenoslo:
www.talladiumes.com
Talladium
España
IMPLANTOLOGÍA
PILARES DINÁMICOS®
PILARES MECANIZADOS EN TILITE
DESTORNILLADORES
ACCESORIOS
MATERIALES TALLADIUM INC
TILITE CON TITANIO
SOLDADURAS
CERAS
DISCOS
YESOS / REVESTIMIENTO
ACCESORIOS

Super-Bastard Box Art Characters

CLIENT_Self-project
DESIGNED BY_Undoboy
Portland, OR. USA
www.undoboy.com

Inspired by daily cube card made packaging and transform it into a playful toy called Super-Bastard Box Art Characters. There are 16 unique toys in one set, each toy consists 4 unique characters on each face of the box. All characters are with a custom designed suit. Characters include Uncle Sam, George W. Bush, Osama bin Laden, Saddam Hussein, Queen Elizabeth II, Mother Teresa, a mummy, a Japanese wrestler, a cave man, dominatrix and so on. The toys are designed so that you can detach the head or the pants. Once removed, it reveals either a skull or underwear. What makes it exciting isn't how cool or funny their underwear is, but that collectors can interchange their heads and pants with different bodies. Can a George W. Bush head go with a Saddam Hussein commander suit? How about president Mao wearing a super hot bikini?

Inspirándose en las tarjetas cúbicas, Undoboy diseñó un envase y lo transformó en un juguete travieso llamado Super-Bastard Box Art Characters. En cada juego hay 16 juguetes únicos; cada juguete tiene 4 personajes únicos en cada lado del cubo. Para todos los personajes se ha diseñado un traje a medida. Entre los personajes está el Tío Sam, George W. Bush, Osama bin Laden, Saddam Hussein, la reina Isabel II, Madre Teresa, una momia, un luchador japonés, un hombre de las cavernas, un ama, etc. Los juguetes han sido diseñados para que el usuario pueda separar la cabeza o los pantalones. Una vez quitados, muestra o un cráneo o ropa interior. Lo que los hace atractivos no es que la ropa interior sea elegante o divertida, sino que los coleccionistas pueden combinar las cabezas y los pantalones con diferentes cuerpos. ¿Puede la cabeza de George W. Bush combinar con el traje militar de Saddam Hussein? ¿Qué tal el presidente Mao con un super caliente bikini?

Cheer

DVD-Box Alien Action

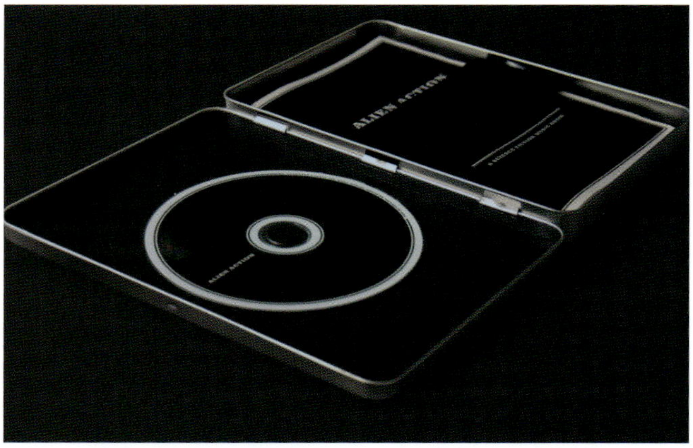

CLIENT_Tilt Design Studio
DESIGNED BY_Ralph Heinsohn & Dominic Bünning
Tilt Design Studio
Hamburg, Germany
www.tiltdesignstudio.com

The brief was to create an exclusive promotional DVD-Box for an innovative digital content, an immersive 360° multimedia entertainment show for Planetaria. It is a screen-printed metal box with a red transparent logo sticker on top and a soft foam rubber inlay inside. It contains a print-labeled DVD and a booklet printed on newsprint normally used by daily papers. The booklet is locked into position by a hook-and-pile fastener. All texts, colours and materials as well as the design elements such as the typography and icons are closely related to the story on the DVD. The entire package has the apperance as if materialized out of the film.

El encargo consistía en crear un exclusivo estuche de DVD promocional para un contenido digital innovador un espectáculo multimedia totalmente inmersivo para Planetaria. Se trata de una caja de metal serigrafiada con una etiqueta roja transparente en donde aparece el logotipo arriba y una incrustación de goma espuma suave en el interior. Contiene un DVD de etiqueta impresa y un folleto impreso en el papel que se usa normalmente en los periódicos. El folleto queda fijo en su posición mediante un cierre de velcro. Todos los textos, colores y materiales así como los elementos del diseño, por ejemplo, la tipografía y los iconos, están relacionados con la historia del DVD. Todo el envoltorio parece materializar la película.

CLIENT_Loreak Mendian
DESIGNED BY_Loreak Mendian™ Borja Garmendia
Irún, Spain
www.loreakmendian.com

This pack is a version of a "Boxed Portrait" by "Japonese Fluxus group Hi Red Center". With the intention of decontextualizing the masculine image of underpants, the designer used Manuela as a model to present the underpants in the collection from every angle. The image was created by the effect of sticky transparent paper on "Okume".

Este pack es una versión de "Boxed Portrait" realizado por el "Japonese Fluxus group Hi Red Center". Con la intención de descontextualizar la imagen masculina de los gallumbos, se utilizó a Manuela como modelo para presentar los gallumbos de la colección por cada uno de sus ángulos. La imagen final se creó mediante la manipulación de papel pegatina transparente impreso sobre "Okume".

/lambda/

<< p.49

CLIENT_Speiron Company
DESIGNED BY_Corinna Michailidou
Speiron Company
Athens, Greece
www.speironcompany.com

>> p.164

THIS WORKS Packaging

CLIENT_this works ltd
DESIGNED BY_this works ltd
London, UK
www.thisworks.com

It was important to Kathy Phillips that the packaging for this works be modern and design led, so that it differed from other aromatherapy products on the market which traditionally were packaged in blue bottles. This works is about modern aromatherapy so the bottle for the bath oils are white glass so that the oils are not affected by sunlight, and so that they look good on your bathroom shelf. The packaging in the range remains simple, with clean lines and bold original colours. The skincare range is reverse out, with coloured boxes and white writing while the bath and body range is white boxes with coloured writing.

Para Kathy Phillips era importante que el envase de THIS WORKS fuese moderno y de diseño, para diferenciarlo de otros productos de aromaterapia presentes en el mercado que tradicionalmente se envasan en botellas o frascos azules. THIS WORKS se centra en la aromaterapia moderna por lo que la botella para los aceites esenciales es de vidrio blanco para evitar que la luz solar afecte el contenido y para que funcione como elemento decorativo del cuarto de baño. El diseño del envase en toda la gama es sencillo, caracterizado por líneas nítidas y llamativos colores originales. El diseño del embalaje de la línea para el cuidado de la piel se basa en cajas coloreadas y letras blancas, mientras que en la línea de baño y cuerpo se invierte, con cajas blancas y letras coloreadas.

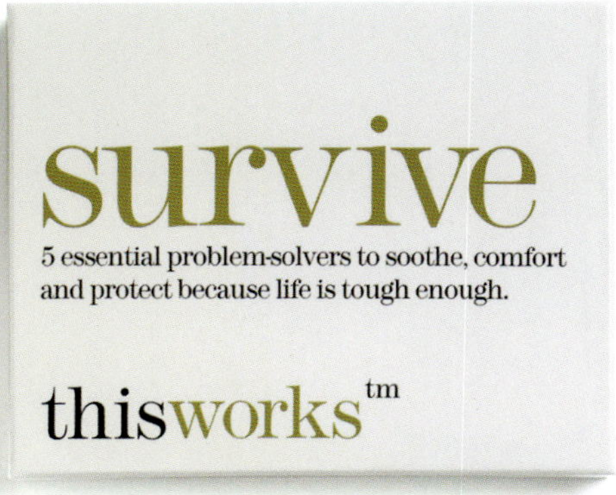

Fresh As Packaging

CLIENT_Fresh As
DESIGNED BY_War Design
Sydney, Australia
www.wardesign.com.au

As the name suggests, "Fresh As takes New Zealand's" finest herbs and fruits and freeze-dries them to retain superb colour and flavour. War Design have created a brand and packaging that reflects the purity of the product yet does so in a quirky, contemporary way to appeal to an elite market of chefs and "foodies".

Tal como sugiere su nombre, las finas hierbas y los frutos liofilizados de "Fresh As Takes New Zealand" conservan todo su color y sabor. War Design ha creado una marca y un envase que refleja la pureza del producto, y lo hace de una forma excéntrica y contemporánea para atraer un mercado de élite de cocineros y sibaritas.

BMG Publishing-Perfect Match

CLIENT_BMG Publishing
DESIGNED BY_Ricky Tillblad_Zion Graphics
Stockholm, Sweden
www.ziongraphics.com

Perfect Match is a CD series designed to promote BMG's music for films and commercials. Zion Graphics took this idea and used it as the basis for its design - each CD featuring another "perfect match" from nature. The pixels to the left of the image were then expanded to create an abstract pattern that wraps around the entire Digipak. All other graphics and imagery are kept to a bare minimum, making the image the main focal point. Zion Graphics then created a generic die-cut slipcase that could be used for every CD within the series.

Perfect Match es una serie de CD diseñada para promocionar la música de BMG para películas y anuncios comerciales. La agencia Zion Graphics tomó esta idea y la utilizó como base para sus diseños, cada CD presenta otra "unión perfecta" de la naturaleza. Los píxeles situados a la izquierda de la imagen se ampliaron para crear un motivo abstracto que envuelve todo el Digipak. El resto de los elementos gráficos e imágenes se mantienen al nivel mínimo indispensable, convirtiendo la imagen en el punto central principal. Zion Graphics creó un estuche punzonado genérico que podía usarse con cualquier CD de la serie.

La'Mode-Yeah & La'Mode 002-For Sale

CLIENT_ La'Mode
DESIGNED BY_Ricky Tillblad_Zion Graphics
Stockholm, Sweden
www.ziongraphics.com

The two album covers of La'Mode, Mode 001 and Mode 002, resemble the circular shape of the vinyl disc on the cardboard sleeve and all graphic elements. Mode 001 is bright yellow and silver with a yellow vinyl disc and Mode 002 is glossy and matt black with an black vinyl disc.

Las dos cubiertas del álbum de La'Mode, Mode 001 y Mode 002, recuerdan a la forma circular del disco de vinilo en la funda de cartón y en todos los elementos gráficos. Mode 001 es de color amarillo brillante y plateado y contiene un disco de vinilo amarillo, mientras Mode 002 es de color negro brillante y mate con un disco de vinilo negro.

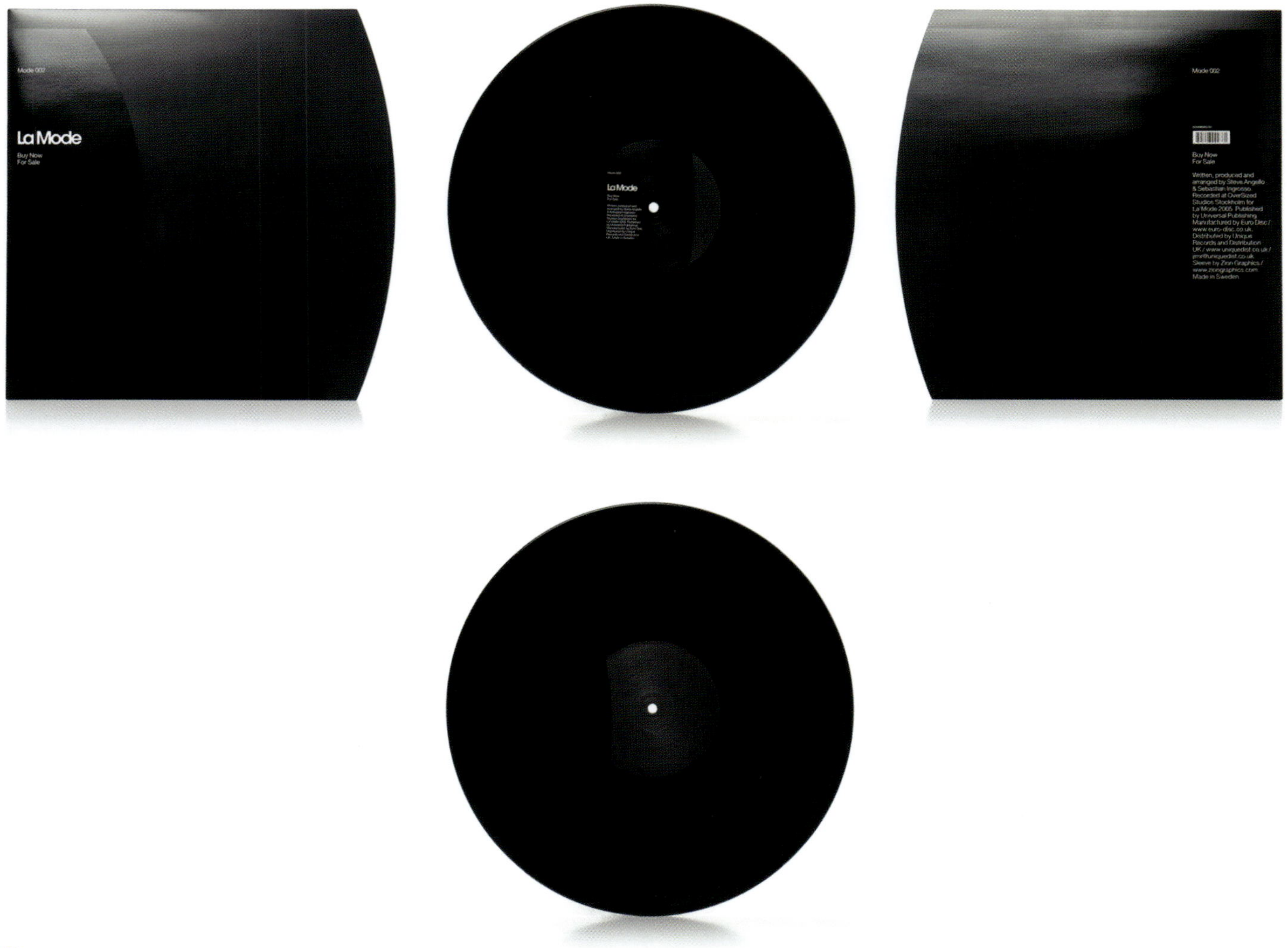

Mode 001
La Mode
Angello & Ingrosso
Yeah

Weemala

>> p.181

CLIENT_Logan Wines
DESIGNED BY_War Design
Australia
www.wardesign.com.au

Dom Perignon Holiday Packaging

CLIENT_Dom Perignon
DESIGNED BY_Harry Allen & Shawn Booth
Harry Allen & Associates
New York, USA
www.harryallendesign.com

Steeped in history and reluctant to change their image, Dom Perignon is a challenging design client. When approached to design new holiday packaging for the champagne maker, Harry Allen & Associates was presented with a very limited set of approved imagery consisting of the bottle and graphics applied to it. The designer simplified these images, played with their scale, and printed them in silver and matte black on a sleeve that fits over the existing gift box. With different images on each side, the boxes glittered and reaffirmed the grandeur of the brand- classic, bold, and effective. Sales increased by 16% that December.

Cargado de historia y reacio a cambiar su imagen, Dom Perignon es un gran reto para el mundo del diseño. Cuando el estudio Harry Allen & Associates se enfrentó al diseño de la nueva presentación navideña de este productor de champán, presentó una serie muy limitada de imágenes seleccionadas consistente en la botella y sus correspondientes elementos gráficos. El diseñador simplificó estas imágenes, jugó con sus escalas y las imprimió en un revestimiento plateado y negro mate que se adaptó a la caja regalo ya existente. Con imágenes diferentes en cada uno de los lados, las cajas relucen y reafirman la grandeur de la marca: clásicas, impactantes y efectivas. Las ventas aumentaron un 16% en diciembre.

Little undo

CLIENT_Self-project
DESIGNED BY_Undoboy
Portland, OR. USA
www.undoboy.com

Little undo was a school project with an objective of developing a 3D system for candy packaging. Undoboy explored the theme "pet" onto the candy packaging due to those everyday objects surrounded me become my friends. There is a connection between the candy and "pet". It is a design project that involves more personal feeling, experiences and expression rather than problem solving. Continuously, he created some characters to represent his pets such as camera, pillow, condom, video game, glasses and underwear and sculpt it into vinyl toys as a surprise gift inserted in the candy packaging. The packaging is designed in a highly interactive form to bring some drops of happiness.

Little Undo fue un proyecto escolar cuyo objetivo consistía en desarrollar un sistema 3D para envoltorios de golosinas. Undoboy exploró el tema "mascota" en el envoltorio para golosinas debido a que aquellos objetos cotidianos que le rodeaban se convirtieron en mis amigos. Hay un vínculo entre golosinas y "mascota". Se trata de un proyecto de diseño que implica más sentimientos personales, experiencias y expresiones que resolver problemas. Continuamente, estuvo creando algunos personajes para representar a sus mascotas, tales como una cámara, una almohada, un preservativo, videojuegos, vasos y ropa interior, y les esculpía dentro juguetes de vinilo, como un regalo sorpresa escondido en un envoltorio de golosinas. El envoltorio se diseñó de una forma muy interactiva para ofrecer algunas chispas de felicidad.

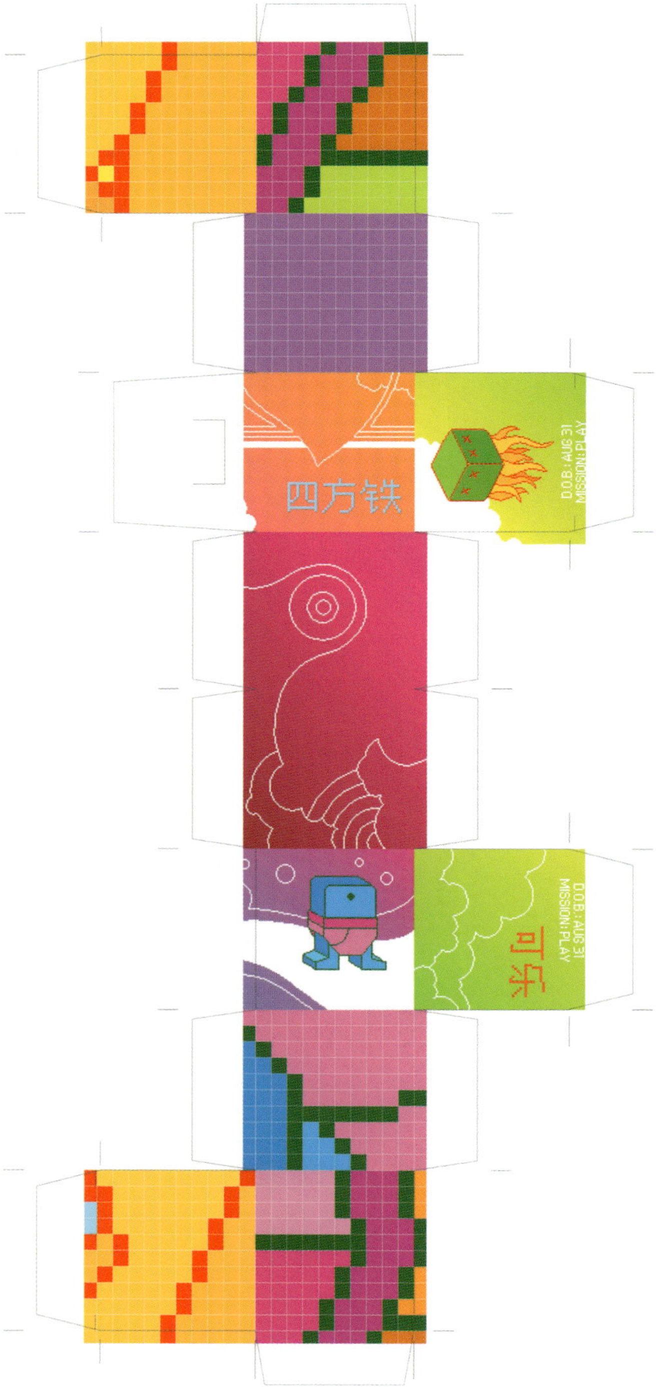

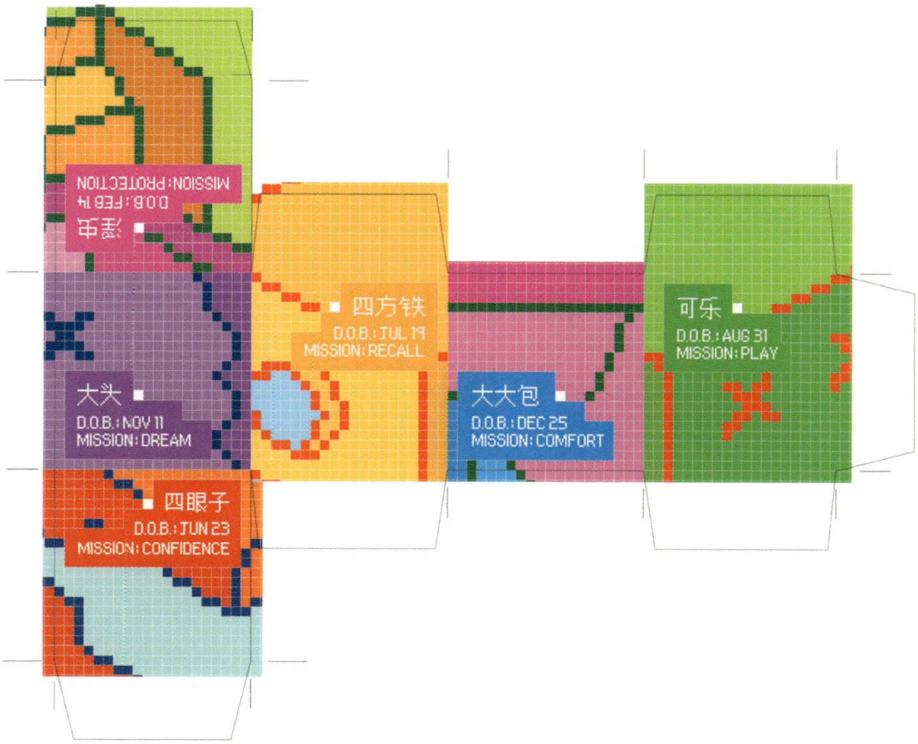

MISSION: PROTECTION
D.O.B.: FEB 14
淫虫
四方铁
D.O.B.: JUL 19
MISSION: RECALL
可乐
D.O.B.: AUG 31
MISSION: PLAY
大头
D.O.B.: NOV 11
MISSION: DREAM
大大包
D.O.B.: DEC 25
MISSION: COMFORT
四眼子
D.O.B.: JUN 23
MISSION: CONFIDENCE

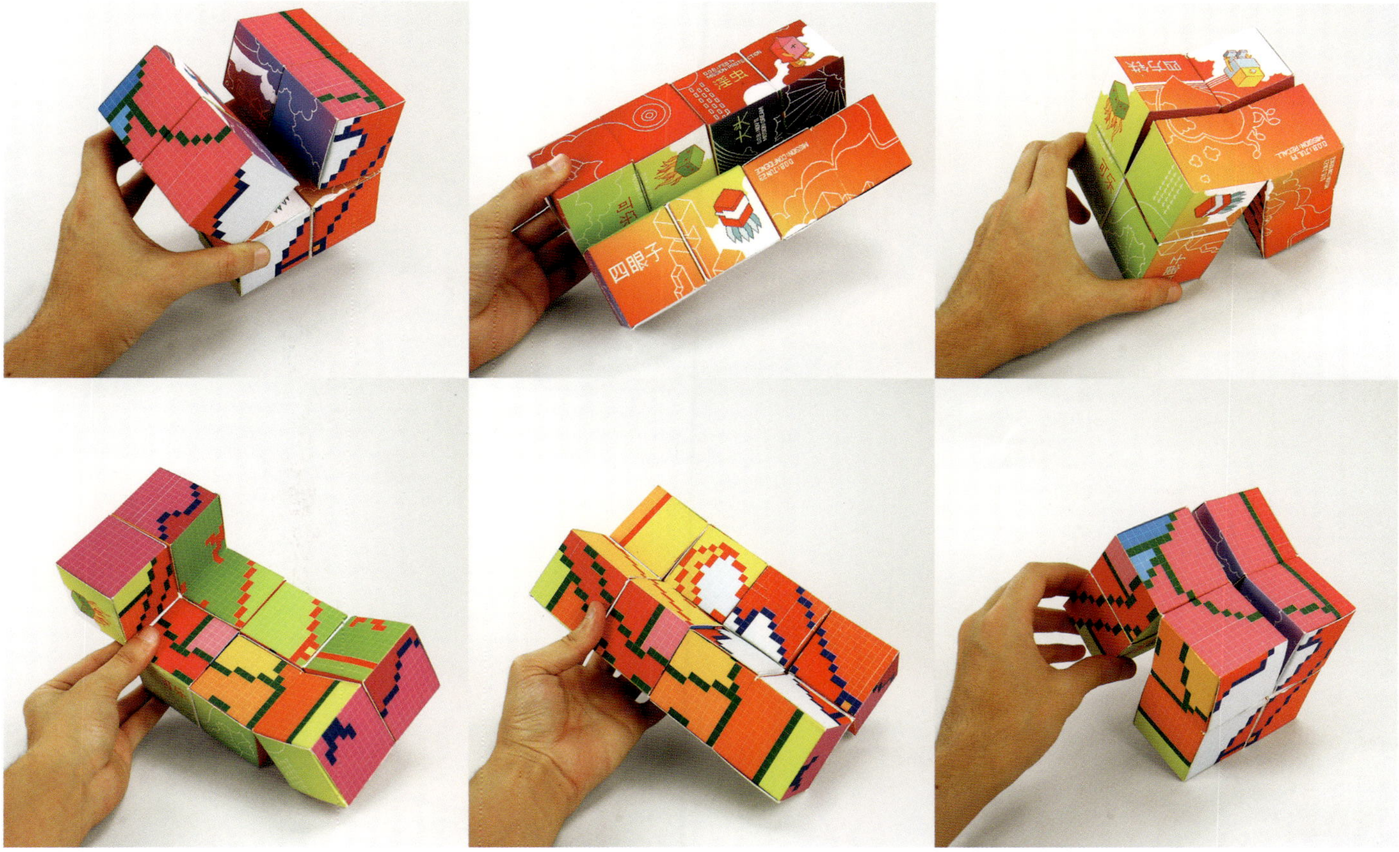

OdeOliva

<< p.46

>> p.183

CLIENT_Export Olive Oil
www.odeoliva.com
DESIGNED BY_Eduardo del Fraile_DFraile
Murcia, Spain
www.dfraile.com

>> p.172

DELADO

CLIENT_Delado
www.delado.net
DESIGNED BY_Eduardo del Fraile_DFraile
Murcia, Spain
www.dfraile.com

A corner ice cream parlour... The brand typography has been designed on the basis of the pattern taken from the wafer biscuit used for ice cream since time immemorial. It is an ice cream parlour where a delicious traditionally made ice cream can be taken with coffee. The parlour also has a special smoker's zone with matches specially designed to reflect the look of the old ice cream sandwiches.

Una Heladería ubicada en una esquina... La tipografía de la marca se diseñó en base a una retícula procedente de la galleta para helados de toda la vida. Se trata de una heladería donde se puede disfrutar de un delicioso helado artesano con un café que también tiene una zona habilitada para fumadores. Se diseñaron unas cerillas aludiendo a la composición de la antigua barra de helado.

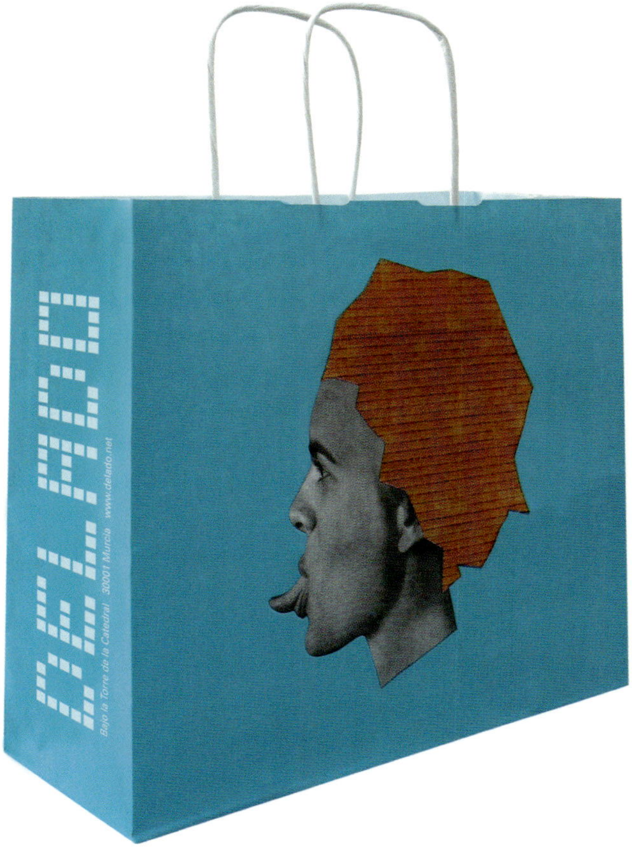

Howling Monkey

« p.40

CLIENT_ The Mackenzie Brewing Company
USA
DESIGNED BY_Turner Duckworth
London, UK & San Francisco, USA
www.turnerduckworth.com

<< p.42

DRY Soda

CLIENT_DRY Soda Co.
www.drysoda.com
Seattle, WA. USA
DESIGNED BY_Steve Watson_Turnstyle
Seattle, WA. USA
www.turnstylestudio.com

Mix Tape USB

CLIENT_ SUCK UK
DESIGNED BY_ SUCK UK
London, UK
www.suck.uk.com

"Suck Uk" grew up making mix tape for friends and girlfriends and its such a great thing to do and also a great thing to receive from someone else. At some point when MP3s took over from CDs and vinyls, and everyone ditched their tape players for iPods, people stopped making music compilations for each other. They want to bring back the mix-tape and there are two important things: Choose great tunes to squeeze into 60minutes (the length of a blank cassette tape) and scribble you own message and track listing onto the packaging. So they reproduced the old blank cassette style packaging complete with "worn in" look of a tape that has been reused a few times. And we limit the music capacity of the USB stick to 60 minutes of music!

"Suck Uk" empezó haciendo recopilaciones de canciones para amigos y novias, algo bonito de hacer y también de recibir. En cierto momento, cuando el MP3 sustituyó los CD y los vinilos y la gente abandonó sus lectores de cintas por los iPod, también se de dejaron de hacer las recopilaciones de música para intercambiar. Su propósito es volver a introducir las mixtapes y, para ello, hay que contar con dos cosas importantes: elegir buenas melodías que quepan en 60 minutos (la longitud de una cinta de casete en blanco), garabatear tu propio mensaje y trasladar el listado a la presentación. Después reprodujeron el estilo de la cinta de casete virgen con el aspecto "desgastado" de una cinta que ha sido reutilizada varias veces y limitamos la capacidad de música del dispositivo USB a 60 minutos de música.

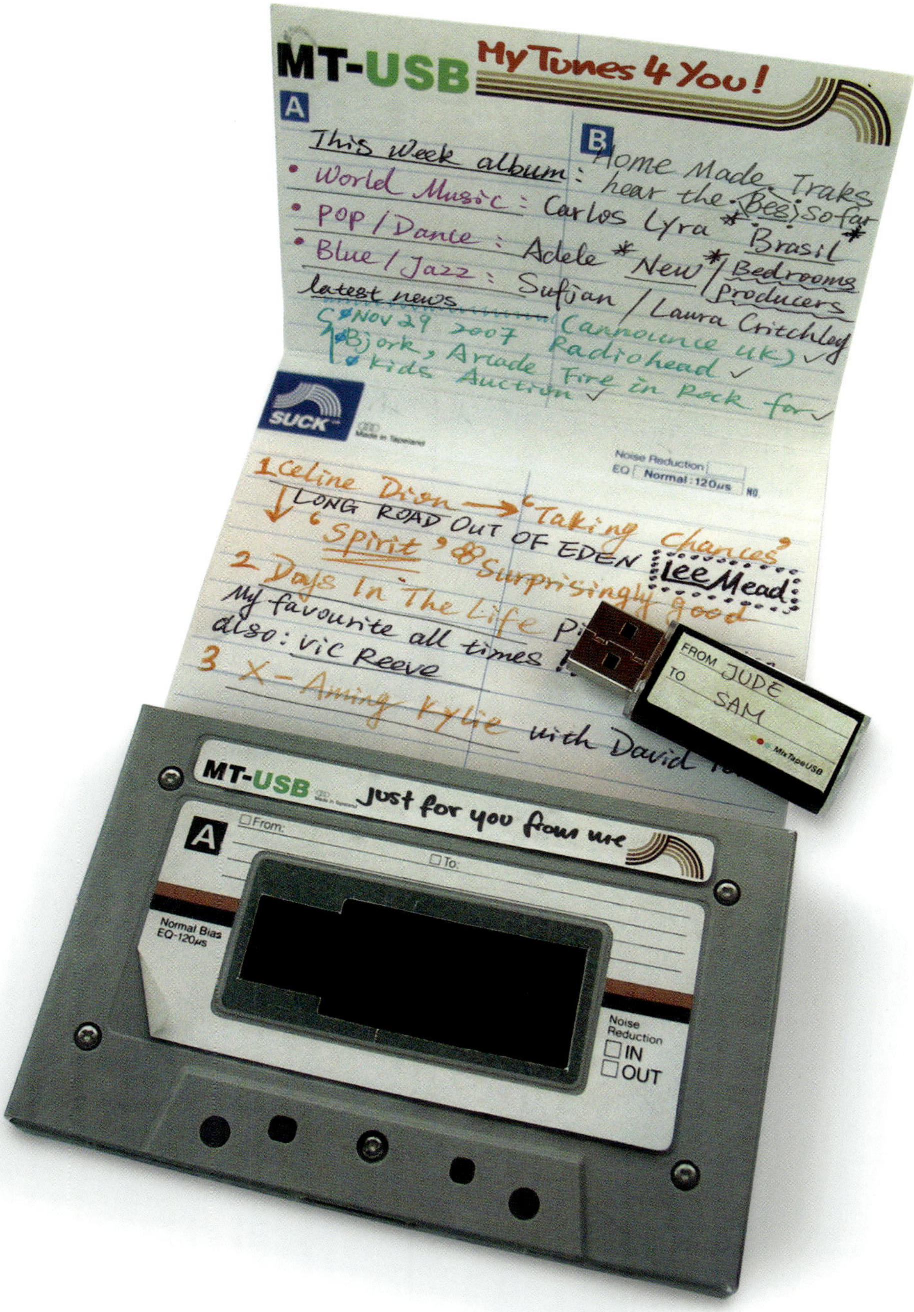
MT-USB
My Tunes 4 You!
A
This week album:
World Music: Carlos Lyra
Pop / Dance: Adele
Blue / Jazz: Sufjan / Laura Critchley
latest news
B
Home Made Traks
Brasil
New
Bedrooms Producers
Nov 29 2007 (announce UK)
Bjork, Arcade Fire in Rock for
Radiohead
Kids Auction
SUCK
Made in Tapeland
Noise Reduction
EQ Normal : 120µs
1 Celine Dion → 'Taking Chances'
LONG ROAD OUT OF EDEN
'Spirit' Surprisingly good
Lee Mead
2 Days In The Life
My favourite all times
also: Vic Reeve
3 X-Aming Kylie with David
FROM JUDE
TO SAM
MixTapeUSB
MT-USB
Made in Tapeland
Just for you from me
A
From:
To:
Normal Bias
EQ-120µs
Noise Reduction
IN
OUT

Furry utopia

CLIENT_Self-project
DESIGNED BY_Undoboy
Portland, OR. USA
www.undoboy.com

Undoboy started this project called Furry Utopia with the intention of creating meaningful goodies to bring happiness to people. Furry Utopia is a brand that embraces conceptual design. The first design he did was a milk carton packaging for a music album. There is a white soft milk plush in the milk carton which represents the milk itself and a music CD is inserted in there. Initially, the album is designed to inspire people to live better, remind them of happiness and encourage them to try something new in life. Besides, he also created an egg carton as a condom packaging to spread the knowledge of safe sex.

Undoboy empezó este proyecto llamado "Furry Utopia" con la intención de crear cosas significativas, importantes con que alegrar a la gente. Furry Utopia es una marca que adopta el diseño conceptual. El primer diseño que hizo fue un envase de leche para un álbum de música. Hay un peluche suave de color blanco leche en el cartón de leche que representa la leche misma y un CD de música en su interior. Al principio, el álbum se había diseñado con la intención de inspirar a la gente a vivir mejor, recordándoles la felicidad y animándoles a realizar algo nuevo. Además, creó un cartón de huevos como un envase de preservativos para divulgar la práctica de un sexo seguro.

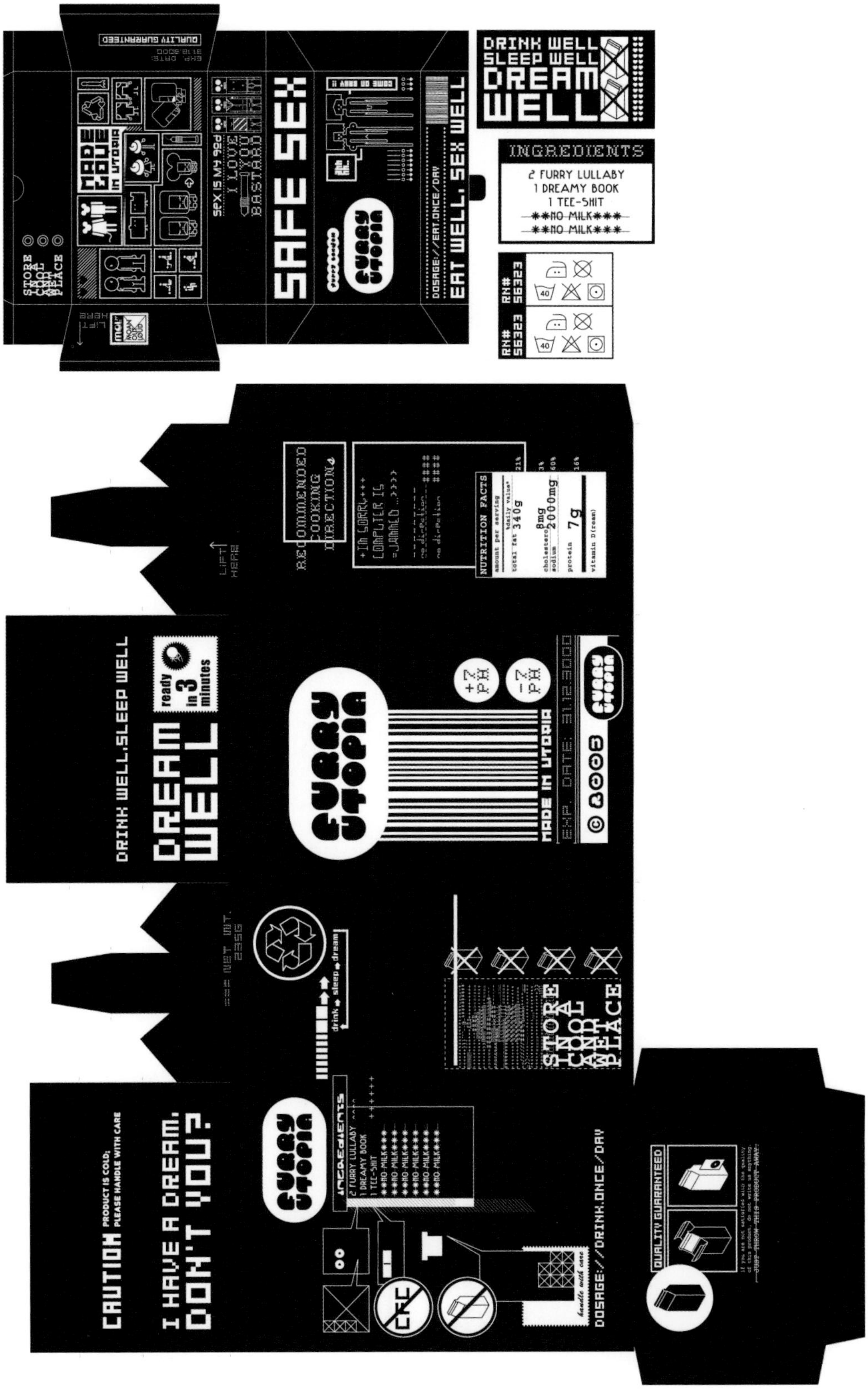

DRINK WELL SLEEP WELL DREAM WELL
INGREDIENTS
2 FURRY LULLABY
1 DREAMY BOOK
1 TEE-SHIT
NO MILK*
NO MILK*
RN# 56323
SAFE SEX
SEX IS MY PIG
I LOVE YOU BASTARD
MADE LOVE IN UTOPIA
STORE IN A COOL AND DRY PLACE
QUALITY GUARRANTEED
EXP. DATE: 31.12.3000
LIFT HERE
COME ON BABY !!
DOSAGE://EAT.ONCE/DAY
EAT WELL, SEX WELL
FURRY UTOPIA
DRINK WELL,SLEEP WELL
DREAM WELL
ready in 3 minutes
MADE IN UTOPIA
EXP. DATE: 31.12.3000
© 2003
+7 PH
-7 PH
RECOMMENDED COOKING DIRECTION
NUTRITION FACTS
amount per serving
total fat 340g
cholesterol 8mg
sodium 2000mg
protein 7g
vitamin D(cream)
NET WT. 235G
drink sleep dream
STORE IN A COOL AND PLACE
CAUTION PRODUCT IS COLD, PLEASE HANDLE WITH CARE
I HAVE A DREAM. DON'T YOU?
INGREDIENTS
2 FURRY LULLABY
1 DREAMY BOOK
1 TEE-SHIT
CFC
handle with care
DOSAGE://DRINK.ONCE/DAY
QUALITY GUARANTEED

BEEE

CLIENT_ Juan Luís Amor
www.beee.es
DESIGNED BY_Eduardo del Fraile & Antonio Marquez
DFraile
Murcia, Spain
www.dfraile.com

BEEE explains the origin of the products for itself. The illustration steers clear of any ornamentation or special callings, implicitly expressing the "natural" side to their products. For the goat's cheeses the colour is used as an element to differentiate the product's various attributes. Goats, unlike cows, only have two udders.

BEEE explica por si mismo el origen de los productos. La gráfica huye de ornamentos o llamadas especiales, expresando implícitamente "lo natural" de sus productos. Para los quesos de cabra se utiliza el color como elemento diferenciador de características del producto. Las cabras a diferencia de las vacas poseen sólo dos ubres.

CLIENT_Agosto
www.agosto.tv
DESIGNED BY_Marina Company
Barcelona, Spain
www.mirindacompany.com

"Agosto" (august) is a production company that born with a international vocation whose name has many ideas which impel production company foundation. In Spain, August is a quiet month without hurry, where playful things predominates, relaxation, communication and also thoughts about existence. Designers wanted to show a very Spanish summer, very Mediterranean, with mood and show that through images arranged as a postcard, almost like a Spanish souvenir. They inspected Txema Salvans' photographic archive and they chose the images which show beach scenes, family, conversation and relaxation.

Productora que nace con vocación internacional, el nombre encierra muchas de las ideas que impulsaron la fundación de la productora, Agosto sobre todo en España, es un mes en el que se aparcan las prisas, en el que predomina lo lúdico, la relajación, la comunicación e incluso la reflexión sobre la propia existencia. Los diseñadores quisieron transmitir un verano muy nuestro, muy mediterráneo, con sentido del humor. Y mostrarlo a través de fotos dispuestas a modo de postal, casi un souvenir español. Para ello registramos todo el archivo fotográfico de Txema Salvans y seleccionamos las fotos que plasmaran una imagen de playa, familia, conversación y relajación.

Álava 140 s.át. 08018 barcelona. spain. t.+34 902 325 535
f.+34 902 325 536 agosto@agosto.tv www.agosto.tv
agosto

>> p.144

4mula

CLIENT_4mula
www.4mula.com
Philadelphia, USA
DESIGNED BY_Timothy Bahash
Philadelphia, USA

Winner of 6 International Design Awards, 4mula products are made from the highest grade of natural, vegan ingredients and 100% pure essential oils. 4mula's product design connects nature and technology as never before ,from the ergonomic design of the 4mula Barbox with built-in legs that raise the bar above water in the soapdish to keep it dry between uses and make it long-lasting... to 4mula's reusable packaging system that is labeled with removable adhesive to encourage reuse and reduce post-consumer waste, design reflects far more than beauty, it is a guiding force for change.

Ganadores de 6 Premios Internacionales al Diseño, los productos 4mula han sido elaborados con ingredientes vegetales naturales de la mayor calidad y con aceites esenciales puros al 100%. El diseño del producto 4mula mezcla de forma inaudita naturaleza y tecnología; desde el diseño ergonómico de Barbox de 4mula con pies incorporados que evitan el contacto de la pastilla de jabón con el agua jabonera para que se mantenga seca entre uso y uso y dure más, hasta el sistema de presentación reutilizable consistente en un adhesivo de quita y pon para incentivar la reutilización y reducir los residuos tras el consumo, el diseño es algo más que el reflejo de la belleza, es una poderosa guía para el cambio.

4mula

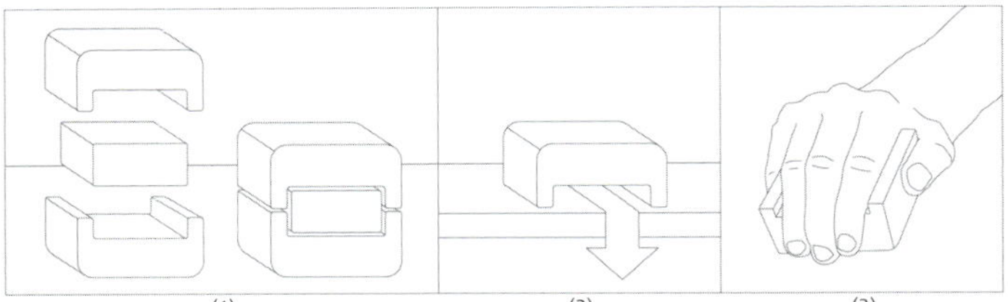

(1) (2) (3)

Two ERGOBARS and one MINIBAR assemble together and package the '4mula' barbox (1) a uniquely modern soap bar that cleans up the counter as well as it does the body. Each ERGOBAR features two built-in leg extensions that serve a two-fold purpose -the legs raise the bar above water in the soapdish to keep it dry between uses and make it long-lasting (2); as well, the legs form a channel in between that ergonomically receives the hand to make it easy to hold (3).

Dos ERGOPASTILLAS y una MINIPASTILLA componen la Barbox de '4mula' (1), una pastilla de jabón moderna que no tienen rivales y limpia perfectamente el cuerpo. Cada ERGOPASTILLA presenta dos extensiones que sirven, por un lado, para mantenerla sobre el agua en la jabonera evitando que se moje entre uso y uso y prolongando su vida (2), y por otro, para formar una canal intermedio que se adapta ergonómicamente a la mano y facilita el agarre (3).

Escribà Chocolates Collection

CLIENT_Escribà
Barcelona, Spain
www.escriba.es
DESIGNED BY_Aïda Font & Jordi Ferràndiz_Örange bcn
Photos © Jordi Vidal
Barcelona, Spain
www.orangebcn.com

"Örange bcn" designed and developed the die cut packaging and creating the new collection of 11 different chocolates for "Escribà" brand. It's a self-assembly box without any need for gluing for easy assembly and storage, in keeping with the final briefing. Amusing illustrations both front and back, with a play on classic elements taken from their hundred year old shop in the centre of Barcelona city.

"Örange bcn" ha diseñado y desarrollado el troquel del packaging y la creatividad de la nueva colección de chocolates 11 sabores para "Escribà". Se trata de un pack automontable sin encolados para su fácil montage y almacenaje, tal y como se les requería en el encargo. Se diseñó una gráfica divertida en la parte trasera y en la delantera, jugando con elementos clásicos de su centenaria tienda en el centro de Barcelona.

Escribà

Corian Project

CLIENT_Dupont
www.corian.com
DESIGNED BY_Harry Allen & Thomas Yu
Harry Allen & Associates
New York, USA
www.harryallendesign.com

Corian, DuPont's solid surfacing product, is a versatile material suitable for a variety of construction and finishing projects. Unfortunately, their presentation and sales materials left a lot to be desired. Commissioned by DuPont to rethink their sample case, Harry Allen & Associates devised a streamlined solution that is easy to transport and provides much-needed organization. The new case offers a layered configuration that is economical, efficient, and beautiful.

Corian, un producto para superficies DuPont, es un material versátil ideal para una gran variedad de proyectos de construcción y acabados. Por desgracia, su presentación y sus materiales promocionales dejaban mucho que desear. El estudio Harry Allen & Associates, encargado de redefinir el muestrario de Dupont, encontró una solución más eficaz que es fácil de transportar y proporciona la organización que necesita. El nuevo muestrario se caracteriza por una estructura de capas económica, eficiente y bonita.

DUPONT
CORIAN
DUPONT
CORIAN

FlowerBomb

≪ p.50

CLIENT_Viktor & Rolf
www.viktor-rolf.com
DESIGNED BY_Fabien Baron_Baron & Baron, Inc.
New York, USA
www.baron-baron.com

As the "cord" which Viktor & Rolf find delightful and which adds the final touch the black strip on the pale pink box is stamped with the house hallmark, the wax seal adopted by Viktor & Rolf as the company trademark. Pink like a dream skin, the blow of a petal, the idea of a body about to abandon itself... Black like a complete line across a white sheet, black like a perfume-tuxedo which marks a character and defines and image, controlled yet at the same time fragile...

Como el "cordoncillo" que tanto encanta a Viktor & Rolf y que da el toque final a una prenda, la cinta negra de la caja rosa pálido queda puntuada por un sello de la casa, el lacre de cera que Viktor & Rolf han adoptado como marca de fábrica. Rosa como un sueño de piel, el soplo de un pétalo, la idea de un cuerpo a punto de abandonarse... Negro como un trazo absoluto sobre una hoja en blanco, negro como un perfume-esmoquin que marca un carácter y define una imagen a la vez controlada y frágil...

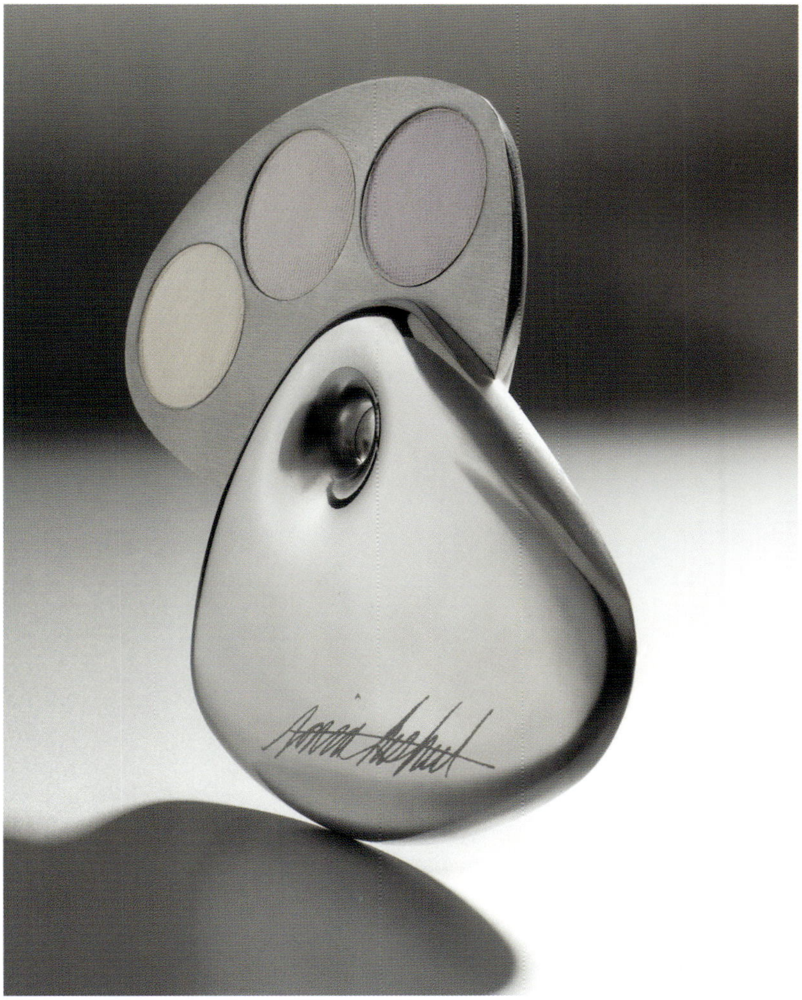

« p.25

Solid Fragance Compact

CLIENT_Sonia Kashuk
DESIGNED BY_Harry Allen, Shawn Booth & Thomas Yu
Photo © Anton Young
Harry Allen & Associates
New York, USA
www.harryallendesign.com

Harry Allen & Associates was hired by Target to design the primary packaging for Sonia Kashuk's new line of women's fragrance (Sonia Kashuk is Target's exclusive cosmetics brand). Embracing new solid fragrance technology, Sonia developed a concept whereby each fragrance is broken down into three notes, allowing the wearer to customize their scent. The artist's palette served as inspiration for the object's form, and the familiar material -solid aluminum- is environmentally friendly, provides a tactile feminine experience, and met Target's production budget. At a retail price of $30, it represents a very accessible piece of design. Shortly after the solid fragrance was launched, the concept was extended to a liquid perfume, and the elegant form of the compact was interpreted into an ergonomic, upright bottle.

Target contrató los servicios del estudio Harry Allen & Associates para diseñar el envase principal de la nueva línea de perfumes para mujer de Sonia Kashuk (Sonia Kashuk es una marca de cosméticos exclusiva de Target). Siguiendo una innovadora tecnología para crear una fragancia sólida, Sonia desarrolló un concepto mediante el cual cada perfume se descompone en tres notas, permitiendo a quien lo usa personalizar su esencia. La paleta del artista inspiró a los diseñadores a la hora de crear la forma del objeto. El material común, aluminio sólido, es inocuo para el medio ambiente, proporciona una experiencia táctil femenina y se ajusta al presupuesto de producción de Target. A un precio de venta al público de 30 dólares, es un artículo de diseño muy accesible. Inmediatamente después de que el perfume compacto fuese lanzado al mercado, el mismo concepto se extendió a su versión líquida, y la forma elegante del estuche se transformó en una botella ergonómica vertical.

Pack Sticks

CLIENT_Escribà
Barcelona, Spain
www.escriba.es
DESIGNED BY_Aïda Font & Jordi Ferràndiz_Örange bcn
Photos © Jordi Vidal
Barcelona, Spain
www.orangebcn.com

"Örange bcn" designed a self-assembly pack in which the product can also be seen. Being a product intended for immediate consumption, they've designed a single piece which allows the skewers and the pot -to be seen as a support- and as carrying handles as if it were a bag. A rather original way to display a product.

"Örange bcn" diseñó un pack auto-montable en el que se podia ver al mismo tiempo el propio producto. Al tratarse de un producto de consumo inmediato, diseñaron una sola pieza que permitía ver las brochetas y el tiesto (como soporte), y se auto-transportaba como si fuera un bolso. Una forma original de mostrar un producto.

Sticks
Escribà
BARCELONA

Sarobe

CLIENT_Cake shop Sarobe
DESIGNED BY_Pensando en blanco™ Borja Garmendia
Hondarribia, SPAIN
www.pensandoenblanco.com

The graphic composition is the result of a combination of photography and typography. The image of this cake shop is created by a collection of various photographs of decorated cakes, something which gives rise to a great many colours and contrasts. With the gesture provoked by the photographs, we attempted to praise the image of the shop's own confectionary, having always been made on the premises with connotations such as "freshly baked", "delicious", "for a lifetime", all in one composition.

Composición gráfica creada mediante la combinación de fotografía y tipografía. La imagen de esta pastelería se crea con el conjunto de varias fotografías de tartas estampadas, dando lugar a una gran variedad de colores y contrastes. Con el gesto provocado en las fotografías, intentamos ensalzar la imagen de repostería "de casa", de toda la vida, consiguiendo de esta forma connotaciones como "recién hecho", "rico", "de toda la vida", en una composición.

carnhe

RANGE

_BRAND IMAGE_COLOURS_SIZES_

_IMAGEN DE MARCA_COLORES_TAMAÑOS_

CLIENT_Importaco
DESIGNED BY_Lavernia & Cienfuegos
Valencia, Spain
www.lavernia.com

A dry fruits range produced by IMPORTACO exclusively for the supermarket chain MERCADONA. There was a main objective: to put order and to improve their visibility and to minimize the time in the shopping decision.The solution is based: In the functional use of colours, which helps to identify the different ranges of products. A clear and very legible typography. Huge images of the nuts, which besides facilitating the identification of products and also provide a diferential and amusing aspect.

Línea de frutos secos elaborada por IMPORTACO en exclusiva para la cadena MERCADONA. Había un objetivo básico en el diseño: ordenar y aportar claridad al lineal, de modo que se mejorara la visibilidad del producto y la variedad de la oferta, y se minimizara el tiempo de decisión de compra. La solución se basa en un uso funcional de colores, que ayuda a identificar familias de producto; una tipografía clara y muy legible e imágenes gigantes del producto que, además de facilitar la identificación de cada producto, le aportan un rasgo diferencial y divertido.

samba
COCKTAIL
SIN CONSERVANTES
HACENDADO
TWIST
COCKTAIL
HACENDADO
Tango
COCKTAIL
PRODUCTO NATURAL · SIN CONSERVANTES
HACENDADO

AVELLANA
TOSTADA SIN SAL
PRODUCTO NATURAL · SIN CONSERVANTES
HACENDADO
PIPAS
GIGANTES
SAL
HACENDADO
MAIZ
FRITO GIGANTE
PRODUCTO NATURAL · SIN CONSERVANTES
HACENDADO

Shapy

« p.85

CLIENT_Naturapoteket
DESIGNED BY_BVD Blidholm Vagnemark Design®
Stockholm, Sweden
www.bvd.se

The existing world of packaging a fitness stores and gyms is unclear and sometimes uses an excessively strong visual language. As a consumer, it is difficult to find the right product. The challenge was to create a design that broke away from the conventions of the category, while at the same time clearly communicating the types of product being sold. To use the design to emphasise the basic, concrete idea behind the whole product series: clear results in user-friendly packaging. To use the design concept to give a sense of what it takes, once you have decided to get in shape. In just two months, Shapy took a market share of 50% in the sport and fitness category at Naturapoteket.

El diseño actual de envases, envoltorios y embalajes para artículos de fitness y gimnasios es confuso y a veces recurre a un lenguaje visual excesivamente fuerte. Como consumidor, es difícil encontrar el producto apropiado. En este caso, el desafío fue crear un diseño capaz de romper con las convenciones típicas de este sector y, al mismo tiempo, capaz de comunicar con claridad los diferentes tipos de productos a la venta. Se utilizó el diseño para enfatizar la idea básica y concreta que está detrás de toda las series de productos: resultados claros en un embalaje fácil de usar. Se recurrió al concepto de diseño para que el cliente supiese en todo momento qué comprar una vez que hubiese decidido ponerse en forma. En tan solo dos meses, Shapy alcanzó una cuota de mercado del 50% en la categoría de deporte y fitness de Naturapoteket.

FÖR MAXIMAL VIKT- OCH MUSKELÖKNING
CHOKLAD
30 PORTIONER
5 KG
SHAPY TM
GAINER
SHAPY TM
FITNESS
MEAL
MÅLTIDSERSÄTTNING
FÖR OPTIMAL
FÖRBRÄNNING
CHOKLAD
15 PORTIONSPÅSAR
420 G
CHOKLAD
40 PORTIONSPÅSAR
1 KG
SHAPY TM
WHEY
PROTEIN
SHAPY TM
RECOVERY
PROTEIN
330 ML

SHAPY TM
CREATINE
SHAPY TM
RECOVERY
PROTEIN
FÖR SNABBARE ÅTERHÄMTNING
CHOKLAD
330 ML
SHAPY TM
FAT BURN
L-CARNITIN
AMINOSYRA FÖR
FETTFÖRBRÄNNING
60 KAPSLAR
300 MG

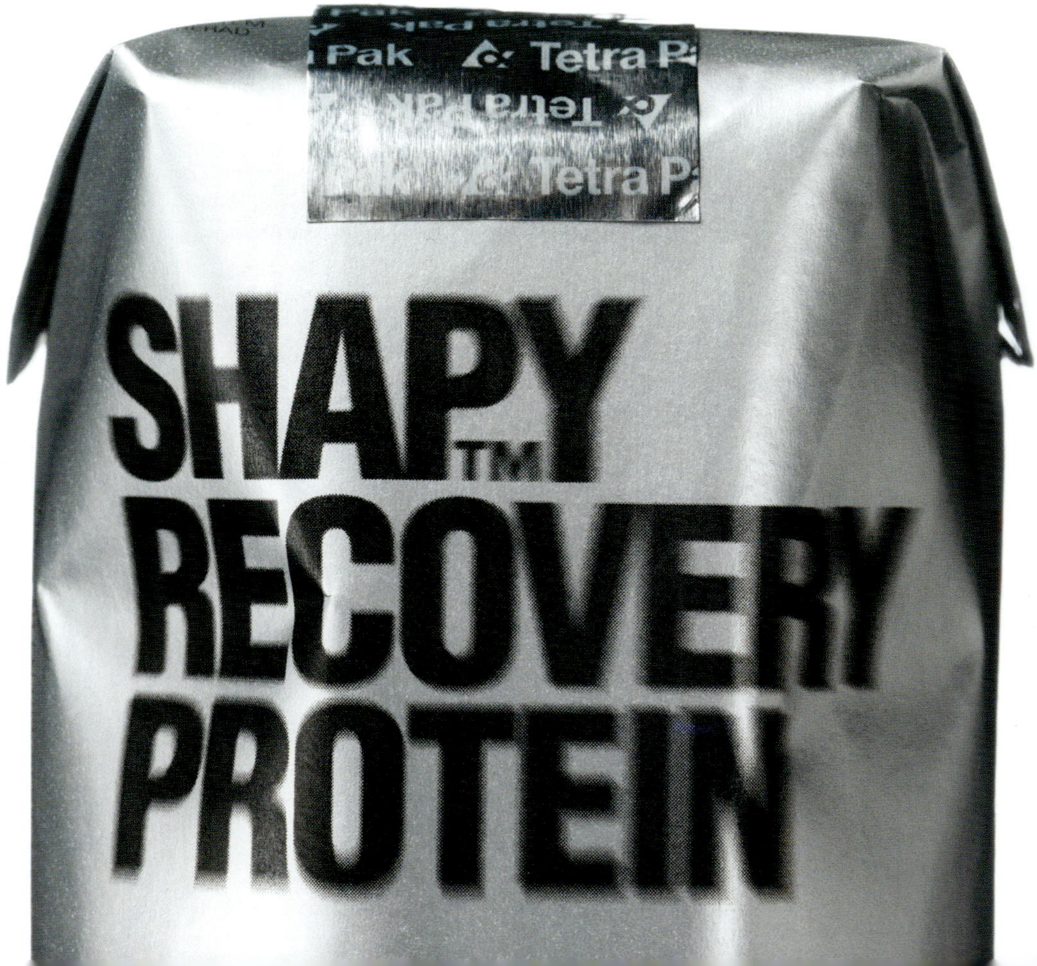
Tetra Pak
SHAPY TM
RECOVERY
PROTEIN

GET SHAPY!
CLA
FÖR BALANS
FETT OCH

4mula

« p.125

CLIENT_4mula
www.4mula.com
Philadelphia, USA
DESIGNED BY_Timothy Bahash
Philadelphia, USA

"4mula" products are packaged in a modular system of rectangular, lab-grade containers that align with bookshelf space-efficiency along the bathtub rim (1). Printed on removable adhesive, the labels peel away effortlessly (2) to simplify and encourage their reuse when empty as storage solutions throughout the home. Examples (3) of how 4mula customers "get clean and live green" are in 'The (Re) User's Gallery' at 4mula.com.

Los productos "4mula" se presentan en un sistema modular de contenedores rectangulares que podrían verse en un laboratorio y que caben en una pequeña balda al borde de la bañera (1). Impresas en un adhesivo de quita y pon, las etiquetas se despegan sin esfuerzo (2) y animan a reutilizar el envase cuando el producto se haya acabado. En "The (Re) User's Gallery", en 4mula.com, se incluyen algunos ejemplos (3) de cómo los clientes de 4MULA "consiguen armonizar aseo personal y ecología".

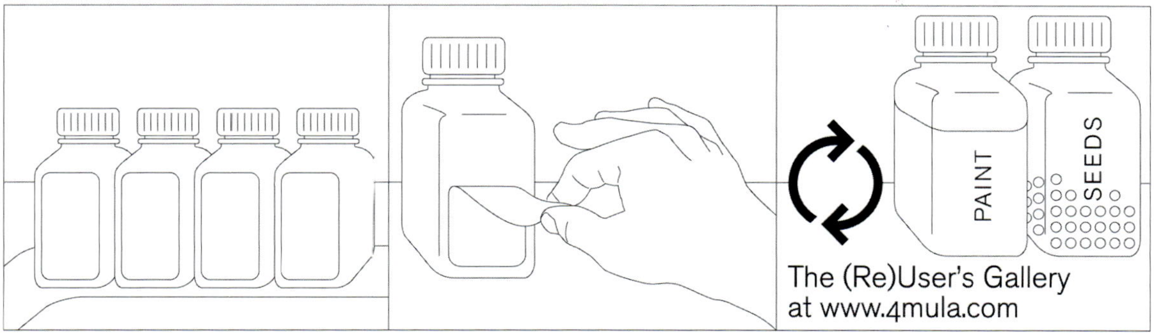

(1) (2) (3)

Waitrose Cooks' Ingredients

CLIENT_Waitrose Limited
DESIGNED BY_Lewis Moberly team
London, UK
www.lewismoberly.com

The name reflects the range's straightforward proposition: Cooks' Ingredients. The labels feature a strong, typographical style which unifies a diverse range of pack sizes and formats. Subtle background colours simply enhance the products, suggesting variety and taste. Each label tells its own story, an evocative call to action –"A dash of this", and "A drizzle of that", reflecting the gusto and informality of confident cooks. Moving along the shelf, the labels create an animated dialogue with the customer. Where possible, transparent packaging was chosen to show the product. This provides additional colour, shape and texture.

El nombre refleja la propuesta sencilla de la línea: Cooks' Ingredients (Los ingredientes del cocinero). Las etiquetas presentan un estilo tipográfico impactante que unifica una gama diferente de formatos y tamaños de envases. Los delicados colores del fondo realzan a los productos, insinuando variedad y sabor. Cada etiqueta cuenta su propia historia, una evocadora llamada a la acción ("un poquito de esto" y "una pizca de aquello") que refleja el entusiasmo y la informalidad de los cocineros de confianza. Al moverlas por el estante, las etiquetas crean una animado diálogo con el consumidor. Allí donde fue posible, se eligieron envases transparentes para mostrar el producto, algo que proporcionó un color, una forma y una textura adicionales.

Waitrose
COOKS' INGREDIENTS
A DRIZZLE OF
FRENCH
WALNUT OIL
Waitrose
COOKS' INGREDIENTS
A DRIZZLE OF
TRUFFLE
INFUSED EXTRA
VIRGIN OLIVE OIL
Waitrose
COOKS' INGREDIENTS
A DRIZZLE OF
LEMON
INFUSED EXTRA
VIRGIN OLIVE OIL

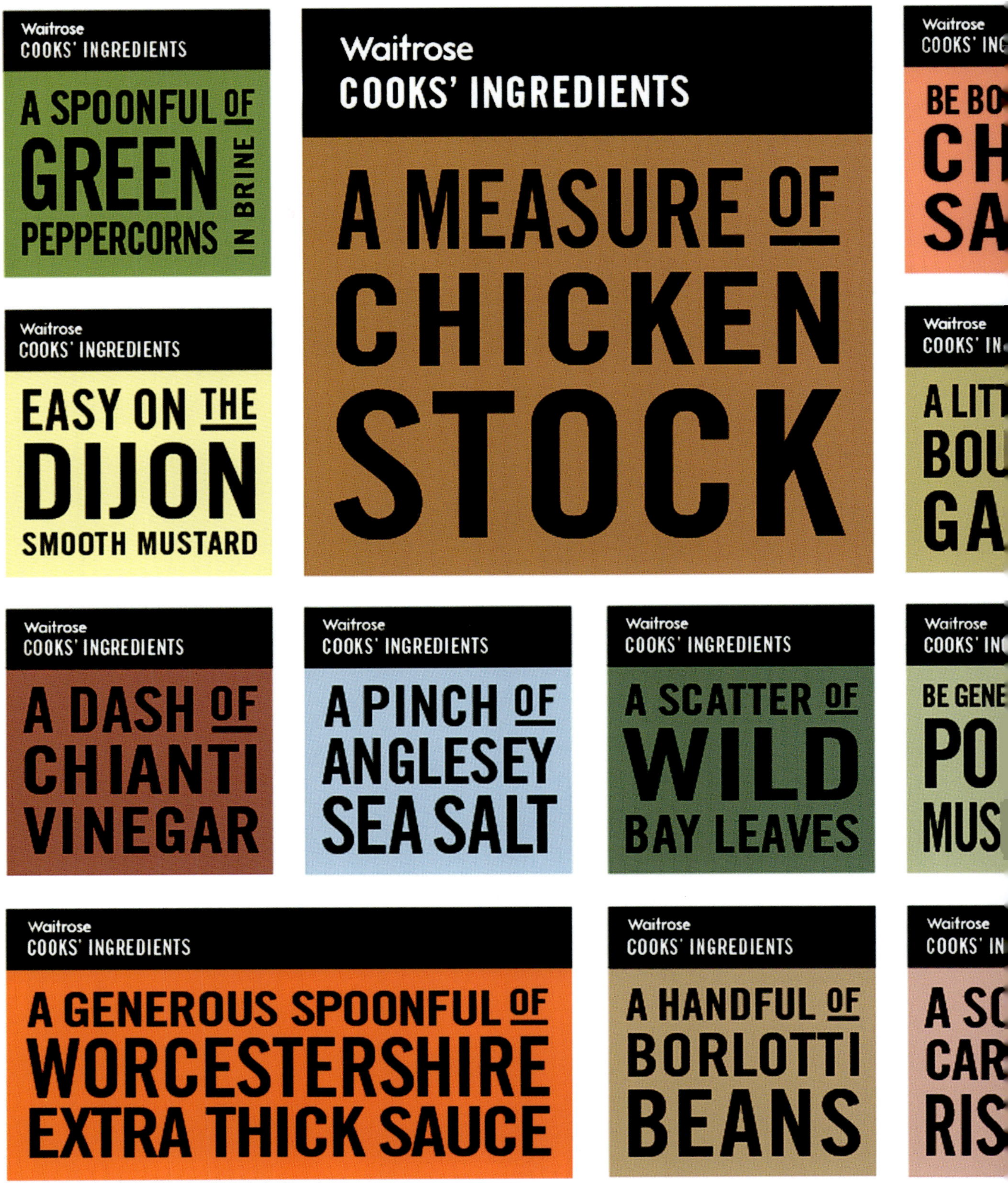
Waitrose
COOKS' INGREDIENTS
A SPOONFUL OF
GREEN
PEPPERCORNS
IN BRINE
Waitrose
COOKS' INGREDIENTS
A MEASURE OF
CHICKEN
STOCK
Waitrose
COOKS' INGREDIENTS
EASY ON THE
DIJON
SMOOTH MUSTARD
Waitrose
COOKS' INGREDIENTS
A DASH OF
CHIANTI
VINEGAR
Waitrose
COOKS' INGREDIENTS
A PINCH OF
ANGLESEY
SEA SALT
Waitrose
COOKS' INGREDIENTS
A SCATTER OF
WILD
BAY LEAVES
Waitrose
COOKS' INGREDIENTS
A GENEROUS SPOONFUL OF
WORCESTERSHIRE
EXTRA THICK SAUCE
Waitrose
COOKS' INGREDIENTS
A HANDFUL OF
BORLOTTI
BEANS

Waitrose
COOKS' INGREDIENTS
A GENEROUS HELPING OF GRILLED PEPPERS IN OLIVE OIL
Waitrose
COOKS' INGREDIENTS
EASY ON THE DIJON COARSE MUSTARD
Waitrose
COOKS' INGREDIENTS
A SPRITZ OF BALSAMIC VINEGAR
Waitrose
COOKS' INGREDIENTS
A BUNDLE OF CINNAMON STICKS
Waitrose
COOKS' INGREDIENTS
A DRIZZLE OF FRENCH WALNUT OIL
Waitrose
COOKS' INGREDIENTS
A SPLASH OF OLIVE OIL FOR COOKING
Waitrose
COOKS' INGREDIENTS
SOME STRANDS OF KASHMIRI SAFFRON
Waitrose
COOKS' INGREDIENTS
A GOOD PINCH OF WILD OREGANO
FOR POULTRY
PASTE
RICE

e4b packaging

CLIENT_Easy 4 Busy, LLC
New York, USA
www.e4b.com
DESIGNED BY_Slavimir Stojanovic
Ljubljana, Slovenia
www.futro-icb.com

Design was created for E4B 100% Fruit Puree products. The concept of E4B is E4B = Easy4Busy = Easy2use4busyPeople! The concept of E4B products is to blend "health, taste and convenience" in one product. The packaging is very unique and eye catching. It was invented for NASA astronauts. It is made from seven layers of a special material that protects product inside. Also, packaging is very durable, strong and it has nice touch or feeling when holding in hand. The main goal in the project was to portrait the Health, Taste and Convenience in a very clear, clean, tasty and happy way. With regard to the graphic design, the designers choose white background with no pictures on the front in order to stand out on the shelfs, to be clean and to be easy to read the text. This text and the cap are matching color but different color for each flavor, the reason is to make it clear that there are different flavors. The fruit on the side is used as a inside information where in front thet portray the easy, convenience on the side they show the health and taste and this makes it more personal.

Se creó un diseño original para los productos de E4B de fruta 100%. El concepto de E4B es "¡E4B = Easy4Busy (fácil para ocupados) = Easy2use4busyPeople (fácil de usar para gente ocupada)!". La idea fundamental de los productos E4B consiste en mezclar "salud, sabor y comodidad" en un solo producto. El envase, inventado para los astronautas de la NASA, es muy original y atractivo. Consta de siete capas de un material especial que protege el producto interior. Además es muy duradero, resistente y suave al tacto. El principal objetivo de este proyecto fue retratar los conceptos de "salud, sabor y comodidad" de un modo claro, limpio, apetitoso y divertido. Referente al diseño gráfico, en la parte frontal, se utilizó un fondo blanco sin imágenes para que destacase en la estantería y para facilitar la lectura del texto informativo. El texto y el tapón presentan colores entonados, aunque diferentes para cada sabor, para favorecer la identificación de los diferentes sabores. Las imágenes laterales de fruta informan sobre el contenido; mientras en la parte frontal se describe la comodidad del producto, en el lateral se muestran conceptos como la salud y el sabor, otorgando más personalidad al paquete.

CLIENT_Tadasana
DESIGNED BY_Steve Rura
www.letters-numbers.com
Agency: EBD
Denver, Colorado. USA

These are concept designs for a line of whole leaf teas sold only in spas. The teas are aimed at young to middle-aged active women. The designs embody rejuvenation, health, and other qualities found in both spas and in tea itself. The challenge was to introduce packaging that would appeal to a diverse range of women, feel at home in spas, and not be too stark or pretentious.

Se trata de unos diseños conceptuales para una línea de té en hojas a la venta única y exclusivamente en spas. Esta línea está dirigida a mujeres activas jóvenes y de mediana edad. Los diseños plasman el rejuvenecimiento, la salud y otras cualidades que se encuentran tanto en los spas como en el té. El reto consistió en introducir un envase que atrajese a diferentes tipos de mujeres, que las hiciese sentir como en casa y que no fuese excesivamente sobrio o pretencioso.

Stories

CLIENT_Turesgruppen
DESIGNED BY_BVD Blidholm Vagnemark Design®
Stockholm, Sweden
www.bvd.se

Stories, a new café concept developed by BVD in cooperation with Ivan Akibar Arkitekter, is housed in the newly opened mall Skrapan. Their assignment was to create a totally unique café experience: from concept and name, to graphic profile and packaging. The inspiration for Stories comes from conversation, thoughts, tales, and gossip (!), in other words what cafés have always been about. How many groundbreaking ideas have been born over a café table, hastily written down on a napkin? The challenge of Stories was to create a strong, recognisable concept that, at the same time, would be influenced by the atmosphere and capture local flavour. A Stories café is going to look different in each neighbourhood and city, but the feeling will be the same everywhere. They have wanted to create a conscious, adult, inviting and personal environment. Black, white and stainless steel is blended with warm wood, and the old fashioned café-feeling expressed by things like a board with old, detachable letters and traditional cups and trays. The design is to exude quality, style and a hip big city feeling. The graphics are clean and simple, but at the same time surprising and playful: small stories are found on everything from porcelain to little packets of sugar.

En la recién inaugurada área peatonal Skrapan, BVD desarrolló Stories, un nuevo concepto de cafetería, en colaboración con Ivan Akibar Arkitekter. Su tarea consistió en crear una experiencia de cafetería absolutamente única: desde el concepto y el nombre hasta el perfil gráfico, pasando por el diseño de envases y envoltorios. Para crear Stories, se inspiraron en conversaciones, pensamientos, cuentos y cotilleos (!): en otras palabras, en todo aquello que define el mundo de los cafés. ¿Cuántas ideas innovadoras han nacido sentados en una cafetería, escritas apresuradamente en una servilleta? El reto de Stories fue crear un concepto fuerte y reconocible que, al mismo tiempo, absorbiese la atmósfera y el sabor locales. Aunque un café Stories sea diferente en cada barrio y ciudad, la sensación será siempre la misma en todos los sitios. Quisieron crear un ambiente consciente, adulto, invitante y personal. El negro, el blanco y el acero inoxidable se mezclan con la madera cálida y con el sabor de los antiguos cafés expresado en objetos como una tabla con viejas letras de quita y pon y tazas y bandejas tradicionales. El diseño emana calidad, estilo y un aire de ciudad a la moda. El grafismo es limpio y simple pero, al mismo tiempo, sorprendente y agradable: por todas partes, desde la porcelana hasta los terrones de azúcar, se encuentran pequeñas historias.

BULLAR & BRÖD
STORIES
BULLAR & BRÖD
STORIES

Coke Holiday 2007 Packaging

CLIENT_Coca-Cola Company
DESIGNED BY_Hatch Design
San Francisco, Ca. USA
www.hatchsf.com

For Holiday 2007, Coca-Cola asked "Hatch Design" to create a graphic and iconic holiday campaign, then carry it out across their five largest brands (Coca-Cola Classic, Diet Coke, Coca-Cola Zero, Sprite and Fanta.) The illustrations they created represent the individual character of each brand and also work together in a system to communicate the "Give, Live, Love" holiday message.

Para las vacaciones de 2007, Coca-Cola le encargó a "Hatch Design" la creación del diseño gráfico y de la campaña icónica de vacaciones para sus cinco principales marcas (Coca-Cola Classic, Diet Coke, Coca-Cola Zero, Sprite y Fanta.) Las ilustraciones que realizaron representan el carácter individual de cada marca, a la vez que forman parte de un sistema para comunicar el mensaje de vacaciones "Dar, Vivir, Amar".

Anthony's Super

CLIENT_The Garage Winery e.K.
Oestrich-Winkel, Germany
www.garagewinery.de
DESIGNED BY_KOREFE/Kolle Rebbe Form und Entwicklung
Hamburg, Germany
www.korefe.de

The task was to conceive and realise the ANTHONY'S SUPER range, contained in a uniquely developed and handy schnapps canister, which can stand prominently alongside the other alcoholic drinks at the bar. The packaging concept encompasses the name development and the design for ANTHONY'S SUPER Z ("Zwetschgenbrand" or plum brandy), SUPER K ("Kirschbrand", or cherry brandy) and SUPER W ("Williams" pear spirit). The canister, name and design should appeal strongly to both bar/restaurant goers and owners alike, persuading them to enjoy an ANTHONY'S SUPER after a meal, or simply when amongst friends.

La tarea fue concebir y realizar la línea ANTHONY'S SUPER, contenida en una práctica lata de "schnapps" ideada para que pueda ocupar un lugar destacado al lado de otras bebidas alcohólicas en el bar. El concepto de envase englobaba el desarrollo del nombre y el diseño para ANTHONY'S SUPER Z ("Zwetschgenbrand" o brandy de ciruela), SUPER K ("Kirschbrand", o brandy de cereza) y SUPER W ("Williams", licor de pera). La lata, el nombre y el diseño debía atraer con fuerza y por igual tanto a los habituales del bar/restaurante como a los propietarios, invitándoles a saborear un ANTHONY'S SUPER tras la comida, o sencillamente cuando están con los amigos.

Tesco Finest Classic Health & Beauty Range

CLIENT_Tesco, UK
DESIGNED BY_Dave Richmond_R Design
London, UK
www.r-design.co.uk

This range is Tesco's Finest offering in the Health and Beauty area. R Design created a look for the products that was in keeping with the "Finest" qualities but at the same time looking unique. The use of detailed etched glass and high quality silver componentry, all add to the luxury feel and to the after purchase brand experience feel; an overall feel good factor. A strong black band across 40 products with simple, clean upper case sans serif typography helps to create a clean, minimal modern contrast against the ornate floral pattern of the background.

Esta gama es una creación de Tesco' Finest en el área de Salud y Belleza. R Design ha creado una imagen para los productos que, además de armonizar con los valores de "Finest", es única. El exquisito empleo del vidrio mate y la elevada calidad de los componentes plateados, se suman a la sensación de lujo y a la de experiencia de marca: un buen elemento de sensación general. El empleo de una cinta de un negro intenso presente en 40 productos y de un simple carácter tipográfico "Sans Serif" en caja alta ayuda a crear un contraste minimalista y moderno con el motivo floreado del fondo.

Âme de la Suisse

CLIENT_Âme de la Suisse
DESIGNED BY_itte studio
Photos © Armin Zogbaum
Barcelona, Spain
www.ittestudio.com

For this project, the studio "itte studio" created naming, branding, corporate identity, packaging, accessories and other different applications, to give technology and luxury sophistication for a range of high class Swiss cosmetics. Some of the visual features are based on the use of Swiss typography par excellence (Helvetica), neutral shades and a mirror effect, a tongue in cheek reflection of vanity. Lots of silver: classic and modern at the same time.

Para este proyecto, el estudio "itte studio" ha creado el naming, branding, identidad corporativa, packagings, complementos y otras aplicaciones, para dar tecnología y sofisticación de lujo a una gama de productos de alta cosmética suiza. Algunas características visuales son el uso de la tipografía suiza por excelencia (Helvetica), tonos neutrales, efecto espejo como una ironía a la vanidad. Mucha plata: clásico y moderno al mismo tiempo.

Filthy Boy

CLIENT_Professor Maribeth Kradel-Weitzel
Philadelphia University, PA. USA
DESIGNED BY_Kevin J. Furst_Kevin Furst Design
Philadelphia, PA, USA
www.kevinfurstdesign.com

Filthy Boy is the ultimate line of bath and body products geared towards the locker room jock. With the use of red, black, and white the color reflects a typical locker room and appeals to a more youthful and masculine audience. The images inside the locker, the silhouetted female figure, and warning symbol in the company's logo also echo the target market Filthy Boy aims its product towards.

Filthy Boy es la principal línea de productos para el cuidado del cuerpo y baño pensada para los deportistas. Con el uso de los colores rojo, negro y blanco, se pretende reflejar un típico vestuario y atraer a unos usuarios más jóvenes y masculinos. Las imágenes del armario, la figura femenina perfilada y el símbolo de peligro en el logotipo de la marca también recuerdan al mercado destinatario de los productos Filthy Boy.

Tesco Spa Body Therapy

CLIENT_Tesco, UK
DESIGNED BY_Dave Richmond_R Design
London, UK
www.r-design.co.uk

The objective was to create a stand-alone brand including name, logo and packaging identity that could be applied across four product offerings: serenity, vitality, detox and relax. The products needed to all have their own individual personality and communicate their offering. Strong colours and floral illustrations all in the same style for each area, help the product to reflect the product values and at the same time work together as one collective brand. Not only has there been a strong shelf presence achieved, but the design still retains a femininity and indulgent appeal.

El objetivo consistía en crear una marca autónoma, incluyendo nombre, logotipo e identidad del diseño del envase, que pudiera aplicarse a cuatro creaciones de producto: serenidad, vitalidad, desintoxicación y relax. Los productos necesitaban disponer de su propia personalidad así como comunicar sus propiedades. El uso de colores fuertes y de ilustraciones floreadas (en el mismo estilo para cada área) permitió al producto reflejar sus valores y, al mismo tiempo, funcionar como una marca colectiva. No sólo se ha conseguido una importante presencia en las estanterías, sino que el diseño ha sabido conservar una feminidad y un atractivo indulgente.

Fuelosophy Packaging

CLIENT_Pepsi
DESIGNED BY_Hatch Design
San Francisco, Ca. USA
www.hatchsf.com

Pepsi brought Hatch Design on board to help them venture into the the natural-foods category with their first natural and healthy energy drink, Fuelosophy. They created the Fuelosophy brand and packaging, with its handcrafted logo and simple layout, to be distinctively different from Pepsi's regular mainstream grocery brands and appeal to the more premium natural-foods shopper.

Pepsi solicitó la ayudade Hatch Design para adentrarse en la categoría de la comida natural con Fuelosophy, su primera bebida energética natural y saludable. Crearon la marca y el envase Fuelosophy, así como su logotipo artesanal y un diseño simple, para diferenciarla de los otros productos habituales de la marca y atraer al comprador de productos naturales de primera calidad.

« p.44  « p.72 

CLIENT_RNB laboratories
DESIGNED BY_Lavernia & Cienfuegos
Valencia, Spain
www.lavernia.com

Body Milk Deliplus

CLIENT_RNB laboratories
DESIGNED BY_Lavernia & Cienfuegos
Valencia, Spain
www.lavernia.com

"Lavernia & Cienfuegos" designed the bottles and graphic design of the body milk line for the distribution chain MERCADONA. The bottles (400ml) are made of blowed coloured PE, with a translucent soft-touch finish. They looked for soft and rounded shapes, nice to touch, and a simple but powerful graphic design.

"Lavernia & Cienfuegos", realizó el diseño de las botellas y la gráfica de una línea de hidratantes corporales de venta en la cadena de distribución MERCADONA. Las botellas (400 ml) son de PE soplado coloreado, con un acabado translúcido "soft-touch". Buscaron formas suaves y redondeadas, agradables de tocar, y una gráfica sencilla pero contundente.

HIDRATANTE CORPORAL
CON OMEGAS 3 Y 6 PARA PIELES
ATÓPICAS
Deliplus
Nutre, calma y repara la piel. Por su contenido en ácidos grasos esenciales, regenera los estados de sequedad.
TODO TIPO DE PIELES
HIDRATANTE CORPORAL
REAFIRMANTE
Deliplus
Reafirma, hidrata y protege la piel dejándola más firme y tersa. Tonifica y recupera su elasticidad. Agradable sensación de bienestar.
PIELES MUY SECAS
NUTRITIVA CORPORAL CON
ALMENDRAS
Deliplus
Protege la piel dejándola muy suave y nutrida. Su fórmula enriquecida proporciona un efecto calmante y evita la sequedad.
PIELES SECAS
HIDRATANTE CORPORAL CON
ALOE VERA
Deliplus
Por sus propiedades hidratantes, calmantes y reparadoras, protege y evita la sequedad cutánea dejando la piel suave.
TODO TIPO DE PIELES
HIDRATANTE CORPORAL EFECTO
BRONCEADO
Deliplus
Sus agentes bronceadores proporcionan un ligero tono dorado de forma gradual. Hidratación intensiva y duradera.

THIS WORKS Packaging

« p.105

CLIENT_this works ltd
DESIGNED BY_this works ltd
London, UK
www.thisworks.com

<< p.87

Selfridges & Co Brand Packaging

CLIENT_Selfridges & Co
DESIGNED BY_Dave Richmond_R Design
London, UK
www.r-design.co.uk

A rebranded food range that echo the store's forward thinking and contemporary attitude towards retail. Although there were over 100 own brand products within the store it was somewhat unrecognisable and lacked shelf presence. Our appoach was to create a range that was unique; that did not follow any traditional sector cues Colour coding everything black would make an incredible statement with only the type to reflect what was inside for example strawberry jam would have pink type. The typeface used was trade gothic range left and all the same point size across the range where possible. This ensured clarity and uniformity.

Se trata de una línea de alimentos con una nueva imagen que se hace eco de un pensamiento a la vanguardia y de una actitud contemporánea respecto a la venta. Aunque la empresa tenía más de 100 productos de marca en las tiendas, era irreconocible y pasaba desapercibida en las estanterías. Nuestro acercamiento consistió en crear una línea que fuese única, que no siguiese ninguna línea tradicional marcada por el sector. Para reflejar el contenido, se utilizaría un código de color completamente negro y un único carácter tipográfico (por ejemplo, para indicar la mermelada de fresas se utilizaría un carácter rosa). El carácter elegido fue el gótico alineado a la izquierda y, siempre que fuese posible, con el mismo cuerpo en toda la gama. Esta elección garantizaba la claridad y la uniformidad.

Limited & Special Edition Flavour Shaker

CLIENT_William Levene
DESIGNED BY_SEA Design
London, UK
www.seadesign.co.uk

The Flavourshaker is a gadget invented by Jamie Oliver to mix, blend and mash ingredients for marinades and rubs. The packaging design used simple materials and bold colour coding to allow the product to be clearly displayed on shelf. The limited edition Flavourshaker packs used gloss foil on an uncoated stock to create a more premium and collectable product.

El Flavourshaker es un artilugio inventado por Jamie Oliver para hacer puré mezclar y licuar ingredientes para marinados y cremas. En el diseño del embalaje se utilizaron materiales sencillos y un llamativo código de color con el objetivo de que el producto estuviese bien visible en las estanterías. Para el embalaje de la edición limitada del Flavourshaker, se recubrieron unas existencias con láminas de metal brillantes para crear un producto coleccionable y de primera calidad.

Indian Cooking Sauces

CLIENT_Waitrose LTD
Berkshire, UK
DESIGNED BY_Turner Duckworth
London, UK & San Francisco, USA
www.turnerduckworth.com

Waitrose planned to launch a range of authentic Indian cooking sauces, once they had found an Indian supplier of the product. That task completed, they turned to the agency to create a visual identity for the new range. The team found inspiration in the sight and aromas of India's famous spice markets, where spices are piled high in fragrant, colourful mounds. The photographed spices are those used in each sauce, supplied to they from the creators of the sauces. Typography and background colours are further used to support the authenticity of the product.

Waitrose estaba planeando lanzar una gama de auténticas salsas indias, una vez que hubieran encontrado a un proveedor indio del producto. Una vez conseguido este propósito, se dirigieron a la agencia para crear una identidad visual para la nueva línea. El equipo se inspiró en la imagen y los aromas de los famosos mercados de especias de la India, donde las especias están amontonadas en altos montículos fragrantes y de colores vivos. En cada salsa, se han utilizado las especias fotografiadas que les proporcionaron los creadores de las salsas. La tipografía y los colores del fondo han sido ampliamente usados para potenciar la autenticidad del producto.

Coca-Cola Light Plus

CLIENT_The Coca-Cola Company
DESIGNED BY_Nicole Flores_Office Agency
San Francisco, CA. USA
www.visitoffice.com

Office developed the visual language and packaging guidelines for the launch of Coca-Cola Light Plus, a soft drink fortified with vitamins and minerals.Plus is about doing what's good for you and indulging in what you love, so Office's goal was to communicate that balance. To achieve this, the team created an approachable and friendly visual language, including hand-drawn, organic illustrations and vibrant, uplifting colors that indicate an overall sense of happiness, energy and well-being.The resulting system communicates the core optimistic essence of Coca-Cola Light -so consumers understand it's still the drink they know and love, with a little something extra added.

Office desarrolló el lenguaje visual y las líneas directrices del embalaje para el lanzamiento de Coca-Cola Light Plus, un refresco reforzado con vitaminas y minerales. Plus fue creado pensando en lo que es bueno para el consumidor sin olvidar también lo que le gusta, de ahí que el objetivo fuese comunicar este equilibro. Para lograr este objetivo, el equipo creó un lenguaje visual accesible y simpático, que incluía ilustraciones naturales hechas a mano y colores vistosos y alegres que transmiten una sensación general de felicidad, energía y bienestar. El sistema resultante comunica la esencia optimista central de Coca-Cola Light para que los consumidores comprendan que sigue siendo la bebida que ellos conocen y aman, con unos pocos componentes extras.

Coca-Cola
light
plus
vitamins
fortified with
vitamins B3,
C and E

Get Clean

CLIENT_ Shaklee
USA
DESIGNED BY_Turner Duckworth
London, UK & San Francisco, USA
www.turnerduckworth.com

Shaklee, a wellness company, re-launched their line of environmentally friendly cleaning supplies under a new name. "Get Clean" brings a friendly and natural approach to everyday cleaning by showing home life and natural elements juxtaposed and working together in surprising ways. The leaf-like shape in the logo is reflected in some of the packaging forms, which were carefully selected from stock forms. The packaging system allows consumers to create their own dilutions from the concentrated products, with re-usable bottles and a sticker system. This saves on packaging and transportation waste.

Shaklee, una compañía dedicada al bienestar, relanzó su línea de suministros de limpieza respetuosos con el medio ambiente con un nuevo nombre. "Get Clean" se acerca de forma respetuosa y natural a la limpieza diaria mostrando la vida en el hogar y los elementos naturales yuxtapuestos y uniéndolos de formas sorprendentes. La forma de hoja del logotipo se refleja en algunas de las formas de los envases, los cuales se eligieron cuidadosamente entre las formas existentes. El sistema de envasado permite a los consumidores crear sus propias diluciones a partir de productos concentrados, con botellas reutilizables y un sistema de etiquetas. Gracias a este sistema se ahorra en envases y en desechos de transporte.

Yes® lubricants

CLIENT_Yes® pure intimacy
DESIGNED BY_Yes® pure intimacy team
Hants, UK
www.yesyesyes.org

The intention was to create an original and stylish presentation of certified organic intimacy products by outclassing the category, and offering products in a pleasing, slightly teasing, container which offers the customer complete discretion. They chose a material that was smoothly silken to the touch as well as being fully recyclable (HDPE) combining a dignified but fun shape with high functionality, in a colour that communicated quality and purity. Their products are innovative, and they designed the packaging to be completely congruent in its smoothness, sophistication and desirability.

La intención era crear una presentación estilizada y original de unos productos íntimos naturales certificados, aventajando la categoría y ofreciendo productos en un envase agradable y algo divertido que ofreciese al cliente una total discreción. Eligieron un material sedoso al tacto y totalmente reciclable (HDPE), que combinaba una forma elegante y divertida con un elevada funcionalidad y en un color capaz de comunicar calidad y pureza. Sus productos son innovadores, de ahí que hayan diseñado envases que armonicen completamente con su suavidad, exquisitez y atractivo.

DELADO

« p.115

CLIENT_Delado
www.delado.net
DESIGNED BY_Eduardo del Fraile_DFraile
Murcia, Spain
www.dfraile.com

CLIENT_Full Tank
DESIGNED BY_Steve Watson_Turnstyle
Seattle, WA. USA
www.turnstylestudio.com

Full Tank is a start-up food company that strives to pack a wallop of organic nutrition into foods even the pickiest kid will eat. Full Tank Baby Fuel is the first frozen baby food to combine the benefits of home prepared veggies with the convenience of portability. Baby Fuel packages the freshest organic ingredients in a travel-ready squeeze pouch that fits in your pocket or purse and can even be eaten without a spoon. Full Tank Secret Agent Pastas "hide" organic veggies in the sauce so kids won't know they're eating them.

Full Tank es una nueva empresa dedicada a la alimentación que se esfuerza por envasar alimentos biológicos de tal forma que incluso los niños más difíciles van a comérselos. Full Tank Baby Fuel es la primera comida para bebés congelada que combina los beneficios de los vegetales preparados en casa con la conveniencia de la transportabilidad. Baby Fuel envasa los ingredientes naturales más frescos en una bolsa comprimida de viaje que cabe en el bolsillo o en el bolso y que puede comerse incluso sin cuchara. Full Tank Secret Agent Pastas "esconde" vegetales naturales en la salsa para que los chicos no sepan que los están comiendo.

Secret Agent Pasta
Macaroni and Cheese
Full tank
Mmm!
Shhh
NAME:
S.A.M. (Secret Agent Man)
CHARACTERISTICS:
Suave and inconspicuous
DESCRIPTION:
Sam is a double agent who works for both parents and kids alike. In fact, Sam is so sneaky, we can't guarantee that you'll ever catch a glimpse of him. But, you can rest assured that he's hidden yummy nutrients in every bite of your kids' pasta.
TACTICS:
Sam is heavily into top-secret covert-ops. He likes to blend traditional pasta sauces with fresh puréed vegetables (like carrots) in order to bump up vitamin content. Fortunately for your kids, his subterfuge packs a yummy wallup.
TOP SECRET
Secret Agent makes it easy for picky kids to eat their veggies.
We've developed an innovative, patent-pending method for hiding nutritious vegetables in the foods that kids love. This technique, which we call Secret Agent,™ helps us give kid favorites like macaroni and cheese a nutritional boost. But, here's the sneaky part: because of the way we incorporate the vegetables, your child will not taste the difference! Secret Agent entrées are an easy way to get any child—picky or not—to eat a full serving of nutritious vegetables.
Nutrition Facts
www.fulltankfoods.com

OPEN HERE
Full tank
Baby Fuel™
Pear & Quinoa Baby Food
STAGE
Full tank
Baby Fuel
Pear & Quinoa Baby Food

Baby Fuel
Pear & Quinoa Baby Food
Portable Purées
For Busy Babies!
Full tank
STAGE 2
3x POUCHES
3-2.25 OZ (64g) POUCHES / NET WT 6.75 OZ (192g)
Baby Fuel
Butternut Squash Baby Food
STAGE 1
Baby Fuel
Peach & Lentil Baby Food
Baby Fuel
Carrot Baby Food
Baby Fuel
Black Bean & Banana Baby Food
STAGE 3
ORGANIC
USDA ORGANIC

Full tank
STAGE 2
Baby Fuel
Peach & Lentil Baby Food
Portable Purées
For Busy Babies!
3x POUCHES
3-2.25 OZ (64g) POUCHES
NET WT 6.75 OZ (192g)
Baby Fuel
Pear & Quinoa Baby Food
Baby Fuel
Butternut Squash Baby Food
STAGE 1
Baby Fuel
Black Bean & Banana Baby Food
STAGE 3
Baby Fuel
Carrot Baby Food
ORGANIC
USDA ORGANIC

Wild Bunch & Co.

CLIENT_Wild Bunch & Co. Organic Juice
Singapore
www.wildbunchjuice.com
DESIGNED BY_SEED Creative Consultants
Singapore & London, UK
www.seed.uk.com

The objective was to design a range of packaging that signaled the inherent value of the organic produce Wild Bunch & Co (WB&CO) uses in all its juice and their respect for it. To this end, glass was chosen to let the vibrant colours their vegetable juice naturally creates speak to customers in a pure and simple language -important to WB&CO as their organic products are naturally made without additives. Additionally, the design of the bottle and closure are used in such a way that it meets WB&CO brief of being 100% refillable. Allowing customers to exchange their empty bottles at their local WB&CO Organic Shot Bar.

El objetivo consistió en diseñar una gama de envases que destacase el valor inherente de los productos naturales usados por Wild Bunch & Co (WB&CO) en todos zumos y su respeto por ello. Para lograr este objetivo, se eligió el vidrio para permitir que los colores vivos de los zumos creasen naturalmente un mensaje para los clientes en un lenguaje puro y simple; para WB&CO era importante trasmitir que sus zumos se elaboran con productos naturales y sin aditivos. Además, el diseño de la botella y el cierre son reutilizables al 100% según las instrucciones de WB&CO. Esto permite a los clientes intercambiar sus frascos vacíos en su WB&CO Organic Shot Bar más cercano.

Puccino's packaging

CLIENT_Puccino's Ltd.
DESIGNED BY_Waldo Pancake
London, UK
www.waldopancake.com

With his Puccino's work the designer combining his love of packaging with his love of drawing and daydreaming. He want Puccino's customers to feel a connection with the little creature they are holding in their hands. Ideally a person with a Puccino's cup would shed a little tear as they put it in a bin, or stop and check that an abandoned sugar sachet was OK.

Com su trabajo "Puccino", el diseñador ha combinado su amor por el diseño de envases con su amor por el dibujo y los sueños. Quiere que los consumidores de "Puccino" sientan un vínculo con la pequeña "criatura" que están sosteniendo entre sus manos. Idealmente una persona con una taza "Puccino" derramaría una lágrima si la echase al cubo de la basura, o se detendría para comprobar si un sobre de azúcar "abandonado" está bien.

a receipt
with that
Puccino's
STUPID LITTLE
BISCUIT
DISPOSE OF
POSTMODERN-
IRONICALLY.

DISPOSE OF
POSTMODERN-
IRONICALLY.

Puccino's
HOW BORING
IS THIS SIDE

Puccino's
KISS
ME (NO
8fl. oz. (327ml)e

Puccino's
THIS IS
ALL TOO
MUCH.
16 fl.oz. (473ml)e

shut up.
Ingredients: sugar,
and then some.

Extra lt
Please, no
more emails
Hold
the
Schadenfreude
Fly
in
froth
A little
more
oregano
including right to write more than necessary

www.puccinos.com
Packaging
inspiration
Our inhouse designer
Erin Verplonker travels
to New York once a year
to check out the latest
in takeaway coffee cups
and sugar sachets.

Puccino's
MR.
8fl. oz. (327ml)

Puccino's
8fl. oz. (327ml)

Puccino's
I'M IT.
12 fl.oz. (355ml)

Logan Wines

CLIENT_Logan Wines
DESIGNED BY_War Design
Australia
www.wardesign.com.au

When you're a boutique winery with little advertising, creating impact on the shelf is imperative. The new Logan premium wine label builds on the old "foot" graphic, bringing to life in a more engaging, impactful and unique way the essence of traditional wine making -the treading of grapes with bare feet.

Cuando se entra en una boutique de vinos con poca publicidad, es imperativo que el producto cree un impacto ya en el estante. La nueva marca de vinos de calidad Logan construye el viejo "pie" gráfico, mostrando de una forma atractiva, impactante y única la esencia de la elaboración tradicional del vino: la pisada de la uva con los pies desnudos.

<< p.110

Weemala

CLIENT_Logan Wines
DESIGNED BY_War Design
Australia
www.wardesign.com.au

Jamie's Italian range for Sainsburys

CLIENT_William Levene
DESIGNED BY_SEA Design
London, UK
www.seadesign.co.uk

Jamie Oliver's food range required packaging design that reflected its Italian flavour. The colours used in the packaging had a rustic Italian feel with flashes of colour stemming from the personality of the Jamie Oliver brand. The colours also helped the stand out of the product on shelf as well as signifying the different food categories within the range.

Como la línea de alimentos Jamie Oliver necesitaba un diseño de embalajes que reflejase su sabor italiano, se utilizaron colores que transmitiesen un auténtico sentimiento italiano con destellos de color provenientes de la personalidad de la marca Jamie Oliver. Los colores también sirvieron para que el producto destacase en los puntos de venta, así como para diferenciar las diferentes categorías de alimentos dentro de la línea.

« p.46

« p.114

OdeOliva

CLIENT_Export Olive Oil
www.odeoliva.com
DESIGNED BY_Eduardo del Fraile_DFraile
Murcia, Spain
www.dfraile.com

Pharmacy Bolós

CLIENT_Farmàcia Bolós
DESIGNED BY_Estudio Rosa Lázaro
Barcelona, Spain
www.rlazaro.com

Packaging for a line of cosmetics with effective pharmaceutical formulas presented in the most aseptic looking way possible. The objective is to give the product priority over the design, a product displayed in a way which is simple and honest. This is a product designed for both men and women, without any sex discrimination. Adopting an urban concept, women are treated as firm, intelligent, attractive and feminine without the need to fall into the traditional cosmetics traps.

Packaging para una línea cosmética de fórmulas farmacéuticas eficaces presentadas de la manera más aséptica posible. El objetivo es priorizar el producto frente al diseño, es crear un producto presentado de la manera más objetiva y sincera posible. Adoptando un concepto urbano, trata a la mujer firme, inteligente, activa y a la vez femenina sin la necesidad de caer en los tradicionales códigos de la cosmética. Se trata de un producto diseñado para hombre y mujer, sin distinción de sexo.

llet d'ametlles dolces de la farmàcia bolós
ingredients: aqua, prunus dulcis, paraffinum liquidum, isopropyl miristate, caprilic/capric triglyceride, steareth-7, stearyl alcohol, cetearyl octanoate, ceteareth-15, glyceryl stearate, jasminum grandiflorum
8 422213 004095
rambla de catalunya 77
www.farmaciabolos.com
℮ 250 ml
xampú antiparàsits de la farmàcia bolós
ingredients: sodium laureth sulfate, disodium cocoamphodiacetate, cocamide dea, butoxido piperonilo, neopynamin, parfum
8 422213 004170
rambla de catalunya 77
www.farmaciabolos.com
℮ 250 ml
loció de quina de la farmàcia bolós
ingredients: alcohol, aqua, ajuga iva, rosmarinus officinalis, cinchona
8 422213 004156
rambla de catalunya 77
www.farmaciabolos.com
℮ 125 ml

Tixol

CLIENT_Tixol
DESIGNED BY_Eduardo del Fraile_DFraile
Murcia, Spain
www.dfraile.com

Designing containers for a company which makes insulation paints. The ranges are divided into two different groups. Insulation paint with variations in quality distinguished by the colour. A range where the purpose of the paint is illustrated through a descriptive photograph.

Desarrollo de envases para una empresa de pinturas aislantes. Las gamas se diferencian en dos familias. Una pintura aislante con variaciones en calidades mediante el color.Y una segunda gama donde la utilidad de la pintura se ilustra mediante una fotografía representativa.

CLIENT_Camper
ww.camper.com
DESIGNED BY_Marina Company
Barcelona, Spain
www.mirindacompany.com

This tin came as a gift with the look book, inspired by the world of mushrooms. To go walking, to find and to cook... The tin contains an apron with woodland creatures. To go walking, looking, to see, to reflect, to drift along with the scent of the damp undergrowth, to hear a thousand invisible sounds, to be at one with the trees, to hover above the leaves and bark and to finally come across these delightful fungi, ingeniously sprouting up through the ground, light and spongy, in all different shapes and sizes, all year round. Walk and find.

Esta lata es el regalo a la prensa junto con el look book, inspirado en el mundo de las setas. Caminar, encontrar y cocinar... La lata contiene un delantal. Criaturas del bosque. Pasear, mirar, ver, reflexionar, fluir con los perfumes de la tierra húmeda, escuchar mil murmullos invisibles, entenderse con los árboles, flotar sobre hojas y cortezas y reencontrarse con esos encantadores seres del suelo que brotan ingenuos y esponjosos, multiformes y ligeros, todas las temporadas. Caminar y encontrar.

De®Tapas Fine Foods S.L.

CLIENT_De®Tapas Fine Foods S.L.
DESIGNED BY_Pensando en blanco™ Borja Garmendia
Hondarribia, Spain
www.pensandoenblanco.com
Photos © Kini Aristegui (product) & © Oscar Santamaría (packaging)

De®Tapas is the name of a brand of high class Gourmet products. The main idea behind the brand is that it focuses on offering customers the possibility of combining their products for a simple way to create a wide variety of Tapas. De®Tapas is represented by an imaginative image in which the quality of its products, their suitability and the ease with which they can be combined as well as the enjoyment to be had from working with these products in line with the consumer's wishes, these are the main themes chosen to reflect the brand image. The logo has been created with the intention of showing the most enjoyable side of this type of creative cuisine in which the variety of foods, the way in which they can be combined, and the variety of people who will like them, is some way reflected in a randomly composed typographical composition, always giving the impression of high quality. The 3 concepts (above) are reinforced by different applications to the brand with a wide range of colours to define each product, as well as infinite combinations of illustrated black tapas to create the brand image.

De®Tapas es una marca de productos "Gourmet" de alta calidad. El concepto principal de la marca se centra en ofrecer al cliente la posibilidad de combinar sus productos para crear de forma sencilla una gran variedad de Tapas. De®Tapas se presenta con una imagen con mucho carácter en el que la calidad de sus productos, su combinabilidad y la facilidad y diversión de trabajar con ellos a gusto del consumidor, son ejes principales que se han intentado plasmar como imagen de marca. El logotipo se creo con la intención de mostrar la cara más divertida de este tipo de cocina creativa, en la que la diversidad de los alimentos, su combinación y la diversidad de gente que la degustará, se plasmen de alguna manera mediante una composición tipográfica aleatoria en su composición, siempre bajo unos connotaciones de gran calidad. Estos 3 conceptos, anteriormente mencionados, se refuerzan en el resto de las otras aplicaciones de la marca mediante una amplia gama cromática para definir cada producto, además de infinitas combinaciones de tapas negras a modo de ilustración para realizar la imagen de la marca.

DeTapas
Product from Spain
Authentic Alioli sauce
Authentic Tapas from Spain.
Net Wt.
3.53 oz (100 g)
DeTapas
Product from Spain
Arbequina Olive Spread
Authentic Tapas from Spain.
Net Wt.
3.88 oz (110 g)
DeTapas
Product from Spain
White Asparagus from Navarra
Combine our products to prepare delicious and authentic Tapas from Spain.
Net Wt.
19.04 oz (540 g)
DeTapas
Product from Spain
Regañá Crackers for tapas
Combine our products to prepare delicious and authentic Tapas from Spain.
Net Wt.
17.63 oz. (500 g)
DeTapas
Product from Spain
Artichoke hearts from Tudela
Combine our products to prepare delicious and authentic Tapas from Spain.
Net Wt.
15 oz (425 g)
DeTapas
Product from Spain
White Asparagus tips from Navarra
Combine our products to prepare delicious and authentic Tapas from Spain.
Net Wt.
7.7 oz (220 g)
DeTapas
Product from Spain
Piquillo Peppers from Lodosa
Net Wt.
7.58 oz (215 g)
DeTapas
Product from Spain
Anchovy fillets in olive oil
Authentic Tapas from Spain.
Net Wt.
3.53 oz (100 g)

The Refill Bottle

CLIENT_Kinetic Singapore
DESIGNED BY_Kinetic Singapore
Singapore
Photos ©Jeremy Wong (Nemesis)
www.kinetic.com.sg

We encounter dirt every day, as well as run-of-the-mill designs for detergents of sorts. Detergents off the shelves come in packaging that are either too gaudy or boring. Until now. There is a sizeable number of consumers who appreciate products that has differentiation and are aesthetically pleasing to the eye. After all, what we buy reflects, in many ways, who we are. We face different cleaning challenges every day. These situations are reflected in the packaging designs where you see the toughest of stains. But what makes it easy on the eye is an aesthetically pleasing refill bottle, which Kinetic specially designed, manufactured and packaged to allow discerning consumers to fill with detergent of their choice.

Cada día nos tropezamos con la suciedad, así como con diseños mediocres para detergentes si así pueden definirse. Hasta ahora, los detergentes que se encuentran en las estanterías venían en envases chillones o aburridos. Hay un número considerable de consumidores que valoran los productos que presentan diferenciación y son estéticamente agradables a la vista. Después de todo, lo que compramos refleja, de muchas formas diferentes, quiénes somos. Cada día nos enfrentamos a diferentes desafíos relacionados con la limpieza. Estas situaciones se reflejan en los diseños de los envases y embalajes donde pueden verse las manchas más difíciles. Esta situación, sin embargo, ha sido facilitada ante los ojos de los consumidores con una botella de recambio estéticamente agradable, diseñada, fabricada y embalada especialmente por Kinetic para permitir a los consumidores exigentes llenarla con el detergente de su elección.

Refill
Bottle
For all detergents

Thanks & Gracias

Many thanks to all the designers, artists, studios, and agencies for their collaboration and to their press agents for their great help. To all those who have not appeared in the credits but have been indispensable in carrying out this project.
To Louis for his professional advice and unconditional support.

Muchas gracias a todos los diseñadores, artistas, estudios y agencias de diseño por su colaboración y a sus agentes de prensa por su gran ayuda. A todas las personas que no aparecen en los créditos pero que han sido imprescindibles para llevar a cabo este proyecto.
A Louis por sus consejos profesionales y su apoyo incondicional.